Ahmad Manko Umar

Manual sobre interesse afetivo pela matemática

Ahmad Manko Umar

Manual sobre interesse afetivo pela matemática

ScienciaScripts

Cover image: www.ingimage.com

This book is a translation from the original published under ISBN 978-620-7-99745-9.

Publisher:
Sciencia Scripts
is a trademark of
Dodo Books Indian Ocean Ltd. and OmniScriptum S.R.L publishing group

120 High Road, East Finchley, London, N2 9ED, United Kingdom
Str. Armeneasca 28/1, office 1, Chisinau MD-2012, Republic of Moldova, Europe
Printed at: see last page
ISBN: 978-620-8-05930-9

MANUAL SOBRE O INTERESSE AFECTIVO PELA MATEMÁTICA

BY

AHMAD MANKO UMAR (Doutoramento)

Correio eletrónico: yamanalkali@gmail.com Telefone: 08065386808

DEPARTAMENTO DE MATEMÁTICA

ESCOLA SUPERIOR DE EDUCAÇÃO DO ESTADO DO NIGER, MINNA, NIGÉRIA

DEDICAÇÃO

Este livro é dedicado a Deus Todo-Poderoso que me deu a força e a sabedoria para o escrever.

PREFÁCIO

O livro nasce da necessidade sentida de um texto abrangente e prático, que integre o domínio afetivo no processo de ensino. O livro está solidamente fundamentado em conceitos, teorias e trabalhos de investigação actualizados. Ensinar matemática é um texto prático, acessível aos estudantes e popular para a metodologia matemática. Fornece abordagens claras e úteis para professores de matemática e conferencistas sobre o domínio afetivo.

Cada secção apresenta conceitos e teorias relacionadas que incentivarão professores e alunos a pensar e a fazer. Ao longo do livro, procurou-se integrar a teoria e a prática, que são pré-requisitos para um ensino eficaz da matemática na sala de aula.

O livro servirá como texto para estudantes de educação em faculdades de educação, universidades, institutos de educação e instituições de formação semelhantes, onde o objetivo principal é a preparação de professores para o ensino da matemática. O livro é adequado para professores e educadores de matemática experientes.

AVANÇAR

Para maximizar a aprendizagem, todos os professores necessitam de um ensino eficaz. Uma investigação recente conduzida por educadores matemáticos indicou que se regista anualmente uma elevada taxa de insucesso em matemática, especialmente a nível do ensino primário e secundário, apesar dos esforços do governo e dos indivíduos. Foram identificados vários factores como sendo responsáveis por esta elevada taxa. Estes incluem o fator professor, o fator aluno, o fator escola, o fator casa e o fator sociedade. Mais importante ainda, o interesse pela matemática também tem sido um importante fator de previsão do desempenho académico em matemática. No entanto, a falta de interesse, que impede o sucesso, resume a história da situação atual do desempenho em matemática. É o fator de controlo em muitas salas de aula de matemática hoje em dia. Podemos concordar que o interesse tem vindo a truncar o ensino e a aprendizagem da matemática ao longo dos anos e, lamentavelmente, até hoje, é um cancro ou um vírus que corroeu profundamente os tecidos do ensino e da aprendizagem da matemática.

É certo que o autor se esforçou muito para escrever um livro que pudesse ser útil e orientador para os estudantes das faculdades e universidades que estudam educação matemática. Com esta realização, o autor foi elevado a um estatuto admirável entre os seus colegas.

Aprecio e agradeço ao autor por ter publicado um livro maravilhoso. Deus o abençoe e o promova. Por conseguinte, recomendo o livro como um guia didático para professores e estudantes.

Professor Associado: Aliyu A. Zakariyya

Departamento de Educação Científica, IBBU Lapai Estado do Níger

RECONHECIMENTO

Foram várias as pessoas que me incentivaram a escrever este livro. O meu maior estímulo para o pôr em prática foi Victoria Gheorghina, representante do Lambert Academic Publishing Centre. Reconheço e agradeço a todos vós. Agradeço também especialmente às seguintes pessoas, Abdulhameed e Musa Idris, que colaboraram na composição do manuscrito. Estou grato ao Ass. Professor Aliyu A. Zakariyya e a Alhassan D. Isa, que dedicaram algum tempo a rever este manuscrito e a fornecer comentários valiosos. Obrigado a todos.

À minha equipa editorial do Lambert Academic Publishing Centre, que é uma motivação inestimável para manter o projeto em curso. Sem eles, este livro não veria a luz do dia. Estou também grato aos professores do Departamento de Matemática da Escola Superior de Educação do Estado do Níger, Minna, e a todos os meus professores que leccionaram em todos os níveis da minha formação. Aos membros da minha família, um agradecimento especial a todos vós.

Índice

INTRODUÇÃO 8

CONCEITO DE ENSINO 16

CONCEITO DE APRENDIZAGEM 22

POLÍTICA DE FORMAÇÃO DE PROFESSORES NA NIGÉRIA 29

CONCEITO DE MOTIVAÇÃO 39

CONCEITO DE INTERESSE 47

CONCEITO DE SUCESSO ACADÉMICO 61

TRABALHOS DE INVESTIGAÇÃO 69

Referência 88

SOBRE O AUTOR 93

INTRODUÇÃO

PONTO CENTRAL DESTE CAPÍTULO
• Conceito de Matemática • Estrutura da Matemática

Na Nigéria, a matemática desempenha um papel fundamental como disciplina obrigatória tanto no ensino primário como no secundário. A matemática, enquanto disciplina académica, aprofunda os domínios dos números, das formas, dos padrões e das suas intrincadas relações. Dotam os alunos da capacidade vital de comunicar utilizando símbolos e raciocínio lógico, fomentando o pensamento lógico, a precisão e a consciência espacial (Arhin & Yanney, 2020). A matemática é considerada um dos principais instrumentos para compreender e explorar o mundo científico, tecnológico, económico, social e da informação. Ciência, Tecnologia, Engenharia e Matemática (STEM). A educação matemática é considerada uma forma preciosa de fazer com que o sistema educativo acompanhe os desenvolvimentos e corresponda às expectativas das competências do século XXI (Kazu & Cemre, 2021; Ghazali, & Yusof, 2022). A matemática está na base das outras disciplinas científicas e é reconhecida como o alicerce de todas as outras disciplinas científicas (Just & Siller, 2022). Por conseguinte, a matemática continua a ser uma disciplina fundamental, exigindo frequentemente a aprovação em exames públicos para a admissão em programas de ciências, engenharia e tecnologia em instituições terciárias. No entanto, apesar da sua importância primordial, o desempenho dos alunos nos exames públicos tem sido persistentemente inferior a nível mundial (Mazana el at., 2020). Os resultados da investigação atribuíram este fraco desempenho a factores multifacetados, tanto relacionados com os alunos como com os professores. O ensino da matemática foi considerado uma tarefa árdua (Rodriguez, et al, 2024), pelo que, para a maioria dos alunos, a aprendizagem da matemática é difícil devido ao seu carácter abstrato. Esta abstração levou muitos alunos a perderem o interesse, resultando assim num baixo aproveitamento (Yeh et al., 2019).

A matemática é feita quando se reconhecem e descrevem padrões, se constroem modelos físicos e/ou conceptuais de fenómenos. É também a criação de um sistema de símbolos para ajudar a representar, manipular e refletir sobre ideias e inventar procedimentos para resolver problemas. A matemática, enquanto disciplina leccionada no ensino secundário na Nigéria, dividia-se em sete segmentos principais, nomeadamente: Número e numeração, Álgebra, Mensuração, Geometria, Trigonometria, Estatística e Probabilidade (Ahmad, 2016). Para garantir a concretização da mudança da nação em direção à ciência e à tecnologia, os professores de matemática devem ter uma boa formação no processo de ensino e aprendizagem. A maioria das nações do mundo, incluindo a Nigéria, dá maior ênfase ao desenvolvimento económico, político, científico e tecnológico. Com base nestes factos, os estudantes de todos os níveis de ensino são incentivados a estudar matemática, uma vez que se trata de uma disciplina académica transversal a todos os estratos das ciências. É um corpo de conhecimentos essencial para a consecução do desenvolvimento sustentável devido ao seu papel como linguagem da ciência e da tecnologia (Salman, el at., 2017). Por conseguinte, a formação de professores de matemática deve merecer uma atenção especial por parte dos três níveis de governo, dos professores de matemática das escolas superiores de educação e das universidades da Nigéria. Os professores de matemática são responsáveis pela implementação do processo educativo em qualquer fase. Isto indica que é imperativo investir na preparação dos professores de matemática, para que o futuro do país esteja assegurado (Odumosu & Olusesam, 2016).

A importância de professores de matemática competentes no sistema educativo do país não pode ser subestimada. A menos que os professores de matemática sejam capazes e empenhados, o sistema educativo não pode ser um instrumento adequado e potencial para o desenvolvimento nacional. Se os professores de matemática tiverem uma boa formação, espera-se que empreguem várias técnicas para motivar os alunos a aprenderem matemática de forma significativa (Salman, 2018). Do mesmo modo, a motivação de um professor de matemática é crucial para uma aprendizagem e um desempenho eficazes, pelo que tem de se manter a par dos desenvolvimentos e tendências recentes. O ensino da matemática é uma das disciplinas académicas que tem muitas descrições, entre as quais se encontra a base sobre a qual a sociedade é construída. É o principal instrumento de crescimento e desenvolvimento, um pivô para o capital humano e o conhecimento económico para a riqueza nacional. É um processo através do qual os membros da sociedade contribuem para o crescimento e o desenvolvimento da sua sociedade, fornecendo-lhes as competências necessárias para explorar o ambiente (Azuka & Kurume, 2013). **Conceito de matemática**

A definição de matemática é diferente devido à sua diversidade e aplicação mundial. A matemática nunca teve uma definição exacta. Os educadores matemáticos deram-lhe definições diferentes consoante a forma como a vêem. Ahmad, el at (2024) opina que a matemática é o estudo dos números, da forma, do espaço e do padrão que envolve actividades de resolução de problemas e meios de comunicação poderosos. É vista como a ciência do padrão e da relação que pode ser expressa em símbolos (Ahmad, 2015).

De acordo com Salman (2018), os matemáticos formulam novas conjecturas, procuram padrões e estabelecem a verdade por dedução rigorosa a partir de axiomas e definições adequadamente escolhidos. A matemática concebe e apoia o raciocínio, o pensamento e a capacidade de resolução de problemas dos alunos. Além disso, a matemática é descrita como a rainha das outras disciplinas e, por conseguinte, fundamental para o desenvolvimento em domínios como a cultura, a política e a economia. Diz-se frequentemente que é a estrutura organizada do conhecimento. Se se compreenderem as estruturas matemáticas, o indivíduo é capaz de sobreviver no domínio da matemática. Sem compreensão, um estudante parece condenado a ter um mau desempenho no que respeita à sua capacidade de funcionar bem no domínio da matemática. Muitos estudantes de matemática estão dispostos a correr este risco, muitas vezes por ignorância. Muitas aulas de matemática raramente experimentam aplicações da matemática em situações da vida real. Os alunos partem do princípio de que a matemática não será necessária no seu mundo futuro. O nosso desafio, enquanto educadores e professores de matemática, é fazer com que os alunos ultrapassem este nível de pensamento.

A matemática é ensinada nas escolas primárias, pós-primárias e pós-secundárias porque pode ser aplicada a quase todas as actividades humanas. Os objectivos do ensino da matemática nas nossas instituições de ensino são os seguintes

- Inculcar a capacidade de pensamento crítico.
- Ensinar numeracia às crianças.
- Preparar as crianças para a atividade empresarial e outras tarefas comerciais.
- Ajudar os estudantes a estudar matemática a nível superior.

- Reforçar o hábito da fiabilidade, tanto no ensino como na prática.

Estrutura da Matemática

A matemática, enquanto disciplina, tem muitas leis, que são designadas por axiomas, postulados ou pressupostos. Alguns dos principais elementos estruturais da matemática são: conceitos, axiomas e teoremas.

a. Conceitos matemáticos - é uma classificação de objectos, propriedades de objectos ou acontecimentos num conjunto através do processo de abstração. Os conceitos matemáticos existem sob a forma de conceitos definidos e conceitos indefinidos. Exemplos de conceitos definidos em matemática são: triângulo, número inteiro, pi, lugar geométrico, congruência, conjunto e desigualdade. Os conceitos indefinidos em matemática variam consoante os contextos. Por exemplo, em geometria, ponto, reta e plano são conceitos indefinidos. Na aritmética, a divisão por zero, 0/0 e zero elevado à potência de zero, 0^0 são operações indefinidas.

b. Axiomas matemáticos - um axioma é uma afirmação aceite como verdadeira sem qualquer prova. Um axioma selecionado é geralmente arbitrário. Os axiomas têm algumas caraterísticas, que incluem

   - Para evitar mal-entendidos e contradições ocultas, são geralmente preferidos axiomas simples e pouco numerosos;
   - Um conjunto de axiomas deve ser consistente - não devem ser

contraditórios nem conduzir a teoremas contraditórios; e

- Um conjunto de axiomas deve ser independente, o que significa que nenhum axioma deve poder ser deduzido dos outros.

Alguns exemplos de axiomas são:

- Dois pontos determinam uma reta;
- Uma linha reta estende-se indefinidamente em qualquer direção;
- Todos os ângulos rectos são iguais;
- Iguais adicionados a iguais resultam em iguais; e
- As figuras que podem ser feitas coincidir são congruentes.

c. Teorema matemático - um teorema é uma afirmação matemática que pode ser provada por dedução lógica a partir de um conjunto de axiomas. Uma vez obtida a prova, esta pode ser utilizada para provar outros teoremas e construir um sistema de teoremas.

A maioria dos teoremas apresenta dois fundamentos, um para ser aplicado em questões computacionais e outro para ser aplicado na dedução de outros teoremas. Por exemplo, o popular teorema de Pitágoras afirma que, para qualquer triângulo retângulo, o quadrado do quadrado da hipotenusa, ou seja, o lado oposto ao ângulo reto, é igual à soma do quadrado dos outros dois lados.

$C^2 = a^{2+} b^2$ em que c é o comprimento do lado oposto ao ângulo reto, ou seja, a hipotenusa, e "a e b" são os outros dois lados do triângulo.

d. Facto matemático - fornece uma base natural firme para validar uma solução geral para um problema enunciado. Exemplo 8-2=6, 7+3=10
e. Princípio matemático - são regras gerais que ajudam na resolução de problemas, predeterminando os passos essenciais, padrões de trabalho e fornecendo uma abordagem padrão. Por exemplo, o princípio da indução matemática e o princípio da ordenação.
f. Símbolos matemáticos - transmitem um significado específico e ajudam na resolução de problemas. Por exemplo, % para percentagem, - para subtração e + para adição.

CONCEITO DE ENSINO

PONTOS DE ATENÇÃO DESTE CAPÍTULO
• Componente principal do ensino • Caraterísticas do ensino • Tipos de ensino

Definir o ensino nem sempre é fácil e, por vezes, parece ambíguo, com uma miríade de complexidades e idiossincrasias, o que torna muito difícil chegar a uma definição única. De facto, a palavra ensino, em termos simples, significa que uma pessoa transmite informações ou competências a outra. Transmitir pode significar partilhar experiências ou comunicar informações (Isola, 2019). Por outras palavras, o ensino é considerado como uma tentativa de ajudar um indivíduo a adquirir algumas competências, atitudes, conhecimentos e apreciação. É uma forma de influência interpessoal destinada a alterar o potencial de comportamento de outra pessoa. De acordo com Zakariyya e Ahmad (2022), o ensino é uma atividade de todos os que estão envolvidos no ato de alterar o comportamento humano e de transformar a sociedade. O conceito de ensino foi dividido em três categorias, com base na International and Encyclopedia of teaching and teacher education:

1. O ensino como sucesso significa que a aprendizagem está implicada no ensino. O ensino inclui a aprendizagem e pode ser

definido como uma atividade que afecta necessariamente a aprendizagem.

2. Ensinar como um ato intencional significa que o ensino pode não implicar logicamente a aprendizagem, mas pode prever-se que resultará em aprendizagem.
3. O ensino, enquanto comportamento normativo, denota uma ação empreendida com o objetivo de provocar a aprendizagem de outrem. Desenvolve uma família de actividades: a formação e a instrução são membros primários e a doutrinação.

Principais componentes do ensino

O ensino é um processo científico e tem como principais componentes o conteúdo, a comunicação e o feedback. A estratégia de ensino tem um efeito positivo na aprendizagem dos alunos. Zakariyya e Ahmad (2022) afirmaram que o ensino tem quatro fases:

Fase 1: Planeamento do ensino, que envolve a análise do conteúdo, a identificação e a definição dos objectivos de aprendizagem.

Fase 2: Organização do ensino que mostra as estratégias de ensino para atingir os objectivos pretendidos do ensino.

Fase 3: Identificação de estratégias de ensino-aprendizagem adequadas para uma comunicação eficaz dos conteúdos.

Fase 4: Gestão do ensino-aprendizagem, que por sua vez se centra na avaliação dos objectivos de aprendizagem em termos de resultados de aprendizagem dos alunos e que constitui o feedback para o professor e para o aluno.

Tendo definido a palavra ensino, é pertinente perguntar também quem é um professor. O professor é alguém que possui conhecimentos e métodos de ensino para os transmitir, susceptíveis de provocar uma mudança positiva na atitude/comportamento do aluno. O professor de matemática, no decurso do ensino, deve ajudar os alunos a: adquirir, reter e ser capaz de usar conhecimentos matemáticos, compreender, analisar, sintetizar e avaliar competências matemáticas, estabelecer hábitos matemáticos e desenvolver atitudes. Algumas das qualidades de um bom professor de matemática são: bom carácter, muito competente para lidar com a matéria, disposto a acrescentar conhecimentos, deve ser flexível e ter uma mente aberta, encarar a realidade de forma objetiva, limpeza, firmeza, bondade e compreensão, comunicação eficaz e deve ser ativo na comunidade e estar pronto para iniciar contactos com os pais (Isola, 2019).

Caraterísticas do ensino

De acordo com Isola (2019), as caraterísticas do ensino são as seguintes

1. O ensino é uma interação eficaz entre o professor e os alunos.
2. Ensinar é tanto uma arte como uma ciência. É uma arte porque exige o exercício do talento e da criatividade. O ensino como

ciência envolve um repertório de técnicas, metodologias e competências, que podem ser sistematicamente estudadas, descritas e melhoradas.

3. O ensino é dominado pelas competências de comunicação.
4. O ensino envolve três ciclos: objectivos educativos, experiências de aprendizagem e mudança de comportamento.
5. O ensino deve ser bem planeado e estruturado, o professor deve decidir os objectivos da instrução, os métodos de ensino e as técnicas de avaliação.
6. O ensino eficaz é democrático e o professor respeita os alunos, incentiva-os a fazer perguntas, a responder a perguntas e a colaborar na sala de aula.
7. O ensino oferece uma oportunidade para serviços de orientação.
8. O ensino é corretivo e o professor deve diagnosticar as dificuldades dos alunos.
9. O ensino é uma tarefa profissional que contribui para a cooperação e o desenvolvimento humano.
10. O ensino é uma atividade que pode ser observada, analisada e avaliada.

De facto, os resultados da investigação mostram que o desempenho global dos alunos melhora através de uma teoria de ensino mais contemporânea, em que o ensino tem estes objectivos:

- Desenhar e trabalhar com os conhecimentos pré-existentes que os alunos trazem consigo
- Explorar o assunto em profundidade, num esforço para fornecer uma base sólida de conhecimento factual
- Integra o ensino de competências metacognitivas (Zakariyya & Ahmad, 2022).

Para concluir, ensinar é diferente de apenas dizer ou mostrar. Implica um contacto face a face e as acções do professor são conducentes à aprendizagem dos alunos. O ensino deve ter como objetivo não só encorajar crenças que sejam apoiadas por provas, mas também desenvolver nos alunos a capacidade de juntar provas e avaliar a sua adequação.

Tipos de ensino

Os tipos de ensino que se baseiam em objectivos são de três tipos:

1. **Ensino cognitivo -** o principal objetivo deste ensino é desenvolver e reforçar o aspeto cognitivo ou o comportamento (conhecimento, compreensão, experimentação, análise, síntese e avaliação, etc.)
2. **Ensino afetivo;** neste tipo de ensino, é dada importância ao desenvolvimento do lado afetivo. A atualização, o aperfeiçoamento, etc., dos poderes e comportamentos afectivos e emocionais tornam-se uma parte importante do processo de ensino.

3. **Ensino por ação;** neste tipo de ensino, é dada especial atenção à mudança de comportamento, sendo a ênfase colocada no ensino de uma competência ou de um método específico de execução de uma tarefa.

Outros, que vêem o ensino com base no sistema educativo, consideram que o ensino é de três tipos. Estes são:

1. **Ensino formal** - ensino que é conduzido com base num currículo fixo de acordo com a idade, o tempo e o lugar.
2. **Ensino informal** - o ensino não está vinculado ao tempo, à hora e ao local. Existe uma interação ou um plano por detrás do ensino. O aprendente também adquire automaticamente conhecimentos, ideias ou crenças de uma forma inesperada.
3. **Ensino não formal** - neste sistema, a educação é organizada com base num objetivo definido, sem restrições de curso, tempo, lugar e rendimento.

CONCEITO DE APRENDIZAGEM

PONTOS DE ATENÇÃO DESTE CAPÍTULO
• Caraterísticas da aprendizagem • Fases da aprendizagem • Tipos de aprendizagem • Relação entre ensino e aprendizagem

Aprendizagem significa uma mudança relativamente permanente no comportamento como resultado da experiência. Além disso, a aprendizagem é a mudança de comportamento devido à experiência, à prática e à observação, que aumenta o desempenho ou altera a disposição em termos de atitude, interesse ou valor. Outros definiram a aprendizagem como o processo de formação de circuitos neuronais relativamente permanentes através da atividade simultânea dos elementos dos circuitos a serem formados; essa atividade é da natureza da mudança nas estruturas celulares através do crescimento de forma a facilitar a excitação de todo o circuito quando um elemento componente é excitado ou ativado.

A aprendizagem refere-se, por vezes, à mudança de comportamento de um sujeito para um determinado modo, provocada pelas suas experiências repetidas nessa situação, desde que a mudança de comportamento não possa ser explicada com base em tendências de resposta nativas, maturação ou estados temporários do sujeito (por exemplo, fadiga, drogas, álcool, etc.).

Pelo uso da palavra APRENDER significa "adquirir conhecimento" ou compreensão ou habilidade por meio de estudo, instrução ou experiência". A palavra ganhar nesta definição é muito importante. Significa adição de novos conhecimentos. Se olharmos para todas estas definições, podemos deduzir alguns elementos-chave e caraterísticas da aprendizagem. Que incluem:

- A aprendizagem manifesta-se através de uma mudança de

comportamento

- A inferência tem tudo a ver com a aprendizagem, comparando o comportamento inicial do sujeito antes de ser colocado na Situação de Aprendizagem e o comportamento exibido após o tratamento.
- A mudança pode ser uma maior capacidade de desempenho, uma disposição alterada em termos de atitude, interesse ou valor.
- Esta mudança não deve ser momentânea, deve ser relativamente permanente. Deve ser mantida durante um certo período de tempo.
- Por último, a alteração deve ser diferenciável do tipo de alteração que é atribuída ao crescimento, como a alteração da altura ou o desenvolvimento dos músculos através do exercício.

Quando há indícios do tipo de mudança de comportamento acima referido, a aprendizagem teve lugar. O comportamento é uma reação neutra a um determinado estímulo e pode ser aberto ou encoberto. A aprendizagem está associada tanto a comportamentos evidentes como a comportamentos encobertos. No entanto, os psicólogos criaram alguns critérios para determinar se a aprendizagem teve lugar:

- Em primeiro lugar, diz-se que houve aprendizagem quando o elemento de mudança de comportamento, explícito ou implícito, ocorreu.
- Em segundo lugar, a mudança de comportamento resultante da fadiga ou de outras condições transitórias, como o consumo de drogas ou de álcool, não constitui uma aprendizagem.
- Em terceiro lugar, a mudança de comportamento deve basear-se na exposição ao ambiente.

O ambiente aqui implica uma situação de aprendizagem ou qualquer situação que permita a aquisição de alguma experiência. Por conseguinte, a aprendizagem implica uma mudança nos comportamentos do indivíduo como consequência da sua experiência. Isto pode manifestar-se na forma como o indivíduo pensa (cognitivo), age (psicomotor) ou sente (afetivo).

Caraterísticas da aprendizagem

Zakariyya e Ahmad (2022) apresentaram as seguintes caraterísticas básicas da aprendizagem

- A aprendizagem tem de mudar o comportamento;

- Essa mudança deve ser relativamente permanente
- Essa mudança deve resultar da experiência ou da interação
- A aprendizagem é um processo interno;
- Que ocorre devido ao contacto direto e delibera esforços e, por

último

- A aprendizagem é distinta da maturação biológica e do imprinting

Fases da aprendizagem

A aprendizagem é um processo que ocorre em fases, tal como referido por alguns psicólogos. Estes identificaram três fases, que incluem: Aquisição, retenção e recordação.

- **Aquisição**: Quando o aluno recebe uma informação como estímulo. O processo de receção da informação pelo aprendente é conhecido como aquisição.
- **Retenção**: A informação recebida pelo aprendente pode ser armazenada na memória. É nesta fase que se inicia o processamento mental em termos de significado, interpretação e codificação. A retenção deve ser efectuada na memória de curto prazo (STM) e na memória de longo prazo (LTM). Memória de curto prazo (STM) - Este sistema de armazenamento destina-se a processar as informações armazenadas que são imediatamente necessárias. Memória de longo prazo (LTM) - A função deste sistema de armazenamento é processar

as informações que não são imediatamente necessárias e transferi-las da memória de curto prazo para a memória de longo prazo. Isto significa que apenas as informações que são necessárias durante um longo período são armazenadas na memória de longo prazo.

- **Recordação**: É o processo pelo qual a informação que foi inicialmente adquirida e retida é posteriormente recuperada. Se, por qualquer razão, a informação adquirida não puder ser recordada, então pode haver algo de errado com a retenção que não tornou possível a aprendizagem. A aprendizagem completa o seu ciclo quando as informações adquiridas são retidas e são posteriormente recuperadas ou relembradas.

Tipos de aprendizagem

É muito difícil fazer uma classificação clara dos diferentes tipos ou categorias de aprendizagem. Para Bloom, a aprendizagem divide-se em três. Estas incluem:

1. **Aprendizagem cognitiva** - esta ênfase no desenvolvimento intelectual, como a aprendizagem de factos e a resolução de problemas.
2. **Aprendizagem afectiva** - foi dada ênfase ao desenvolvimento de atitudes, emoções e

3. **Aprendizagem psicomotora** - diz respeito ao desenvolvimento de competências como andar, escrever, desenhar, etc. Todas elas requerem a utilização de capacidades motoras.

Por seu lado, Gagne defende que a aprendizagem é classificada em oito ordens hierárquicas: aprendizagem de sinais, aprendizagem de estímulo-resposta, aprendizagem em cadeia, aprendizagem de associação verbal, aprendizagem de discriminação múltipla, aprendizagem de conceitos, aprendizagem de princípios e resolução de problemas.

Relação entre ensino e aprendizagem

Existe uma forte relação entre o ensino e a aprendizagem. Uma das actividades não pode ser realizada sem a outra. Podemos ver e concluir que as duas actividades estão ligadas entre si, tal como o ovo está ligado à galinha. Neste tipo de situação, é sempre difícil sugerir o que vem antes do outro. Para organizar eficazmente as actividades de aprendizagem, um professor tem de compreender "como e porquê" as pessoas aprendem. Não basta reunir os alunos num recinto em nome do ensino, tem de haver um esforço consciente para conhecer as condições que favorecem o ensino do indivíduo. Ensinar é partilhar conhecimentos e competências, enquanto aprender é receber, compreender e aplicar esses conhecimentos e competências. Além disso, tanto o ensino como a aprendizagem podem ser formais ou informais, ambos são orientados para objectivos, um bom ensino resulta numa boa aprendizagem, tanto o ensino como a aprendizagem exigem competências, criatividade, inteligência e funcionam com base em princípios definidos, e só os bons alunos se tornam bons professores. Para concluir, o ensino é um processo de transmissão de novos conhecimentos e a aprendizagem é um processo de aquisição de novos conhecimentos. A função de um conceito é transmitir conhecimentos e a do outro é adquirir conhecimentos, mas ambos só são possíveis quando estão activos.

POLÍTICA DE FORMAÇÃO DE PROFESSORES NA NIGÉRIA

PONTOS DE ATENÇÃO DESTE CAPÍTULO
• Parte da política que orienta os professores na Nigéria, tal como está definida na NPE
• Programas de formação de professores de matemática na Nigéria
• O papel dos professores de Matemática na motivação do interesse dos alunos pela Matemática
• Desafios do programa de formação de professores de matemática
• Estratégias para melhorar a formação de professores de matemática com vista ao sucesso académico

O objetivo da formação de professores é produzir professores profissionais bem qualificados que possam ajustar-se às necessidades em mudança dos alunos e às perspectivas de desenvolvimento da sociedade moderna (Salman, 2018). Os objectivos da formação de professores, conforme estipulado pelo Ministério Federal da Educação (2004) na Política Nacional de Educação (PNE), são os seguintes

a. produzir professores altamente motivados, conscienciosos e eficientes para todos os níveis do sistema educativo;

b. incentivar ainda mais o espírito de investigação e a criatividade dos professores;

c. ajuda os professores a integrarem-se na vida social da comunidade e nos objectivos nacionais;

d. dotar os professores de uma formação intelectual e profissional adequada às suas funções e torná-los adaptáveis a situações de mudança, e
e. reforçar o empenhamento dos professores na profissão docente.

Parte da política que orienta os professores na Nigéria, tal como está descrita na NPE, é a seguinte

- O programa é estruturado de modo a equipar os professores para o desempenho efetivo das suas funções;
- A formação em tecnologias da informação (TI) deve ser integrada em todos os programas de formação de professores;
- A formação de professores deve continuar a tomar conhecimento das mudanças na mitologia e no currículo;
- Os professores são regularmente expostos às inovações da profissão;
- Os professores recém-recrutados serão submetidos a um processo

formal de indução

- O Conselho de Registo dos Professores da Nigéria (TRCN) continua a registar os professores e a regulamentar a profissão e o exercício da docência;
- Só os professores profissionalmente qualificados e regulamentados serão autorizados a exercer a sua atividade a todos os níveis, e
- Os professores recém-recrutados efectuam um período de estágio de

um ano

Programas de formação de professores de matemática na Nigéria

Dambatta e Salman (2014) referiram que existem três (3) grupos de formação de base para professores de matemática na Nigéria; são eles as faculdades de educação, o Instituto de Professores da Nigéria e as universidades através de faculdades ou institutos de educação.

a. **Faculdades de Educação:** estão mandatadas para formar professores para o ensino básico. A graduação deste programa é concedida com um certificado conhecido como o Certificado de Educação da Nigéria (NCE). Os licenciados são submetidos a uma formação rigorosa sob a forma de aulas teóricas, micro-ensino, redação de projectos, ensino entre pares e prática de ensino, e esta é a qualificação mínima para o ensino na Nigéria.
b. **Instituto Nacional de Professores**: A formação é efectuada através de ensino à distância com tutoriais semanais, geralmente aos sábados, e formação intensiva durante os períodos de vocação escolar. A conclusão com êxito da formação ao abrigo deste programa conduz à atribuição de PGDE, ADE, B.A (Ed), B.Sc. (Ed) e NCE.
c. **Universidades através de faculdades ou institutos de educação**: têm como objetivo a formação de professores de matemática. O

conjunto de licenciados destina-se a fornecer mão de obra para o ensino secundário superior, politécnico e monotécnico. A formação nestas instituições pode conduzir à atribuição de diplomas de doutoramento, de mestrado em educação, de PGDE, de licenciatura em educação e de diploma em disciplinas pedagógicas.

O papel dos professores de Matemática na motivação do interesse dos alunos pela Matemática

Os professores de matemática têm um papel vital a desempenhar em qualquer desenvolvimento nacional, para além da sua tarefa principal. É de notar que a sua principal tarefa é ensinar a disciplina de forma eficaz. Ensinar matemática de forma eficaz implica ter conhecimentos adequados e utilizar corretamente as técnicas de ensino. Seguem-se algumas outras responsabilidades de um bom professor de matemática, tal como apresentadas por (Salman, 2018).

a. **Funções administrativas**: um professor de matemática deve atuar como professor da turma e manter registos dos resultados e da assiduidade de cada aluno. Estes registos ajudarão a diagnosticar as deficiências de cada aluno. Por conseguinte, pode também servir de orientador e conselheiro.
b. **Actividades escolares:** espera-se que os alunos se desenvolvam tanto

a nível intelectual como físico. Os professores de matemática devem colaborar com os outros professores para uma formulação e execução eficazes de tais requisitos.

c. **Formação profissional**: espera-se que um bom professor de matemática tenha um interesse entusiástico e vivo pela matemática e pelo ensino e que actualize continuamente os seus conhecimentos, de modo a que a nação atinja o nível de educação matemática funcional necessário para o desenvolvimento.

d. **Actividades comunitárias**: os professores de matemática têm de cooperar com os pais para melhorar as relações e oportunidades entre a escola e a comunidade, de modo a conseguirmos uma matemática funcional para a construção da nação. Os professores de matemática são formados e devem utilizar vários métodos para motivar os seus alunos a aprenderem matemática de forma significativa. Finalmente, o ensino é uma profissão nobre e os professores são a construção de uma nação. A menos que os professores de matemática sejam capazes e empenhados, o sistema educativo não pode ser um instrumento adequado e potencial para o desenvolvimento nacional.

Além disso, o papel crucial do professor de matemática num processo de ensino que deve afetar o interesse dos alunos pela matemática, tal como salientado por Ivowi (2001). Estes são capazes de manter o interesse dos alunos pela matemática no âmbito dos conteúdos curriculares:

- Previsão de uma vasta gama de capacidades
- Previsão de interesses diversos em três domínios de objectivos educativos
- Previsão de várias disciplinas no currículo
- Previsão de diversas aplicações da matéria
- Estimulação através de séries de leitura e actividades curriculares conjuntas.

O professor é um líder na sala de aula e também um fator-chave no desenvolvimento e implementação dos currículos de matemática, e o seu papel aqui está relacionado com a motivação do interesse dos alunos pela matéria. A disponibilização de materiais curriculares não é suficiente para garantir o interesse dos alunos pela matemática; a forma como os materiais são ensinados aos alunos é muito importante, não só para que a aprendizagem ocorra. Um bom ensino e a utilização de técnicas relevantes são alguns dos papéis que o professor deve desempenhar

para despertar e manter o interesse dos alunos. Algumas das técnicas relevantes que podem motivar e manter o interesse dos alunos são:

- As aulas devem ser dadas utilizando estratégias de colaboração e podem reduzir a ansiedade dos alunos e dar-lhes a oportunidade de refletir sobre o novo material que está a ser adquirido ou ensinado.

- Os professores podem ajudar a melhorar o interesse e o desempenho dos alunos, encorajando-os e ajudando-os a acreditar que as competências podem ser melhoradas através de um esforço consistente.
- As aulas devem ser concebidas de modo a realçar os cientistas e matemáticos famosos ou outros indivíduos influentes que chegaram às suas conclusões através de trabalho árduo, em vez de dar ênfase aos que são dotados.
- Envolver os alunos em actividades práticas não baseadas na investigação que podem aumentar o interesse e motivar os alunos do sexo masculino e feminino para as tarefas de ciências e matemática.
- O mecanismo de feedback deve ser adotado.
- O sistema de recompensas preconizado e
- A variável influente fica a cargo do professor.

Desafios do programa de formação de professores de matemática

Seguem-se os desafios que se colocam à formação de professores de matemática na Nigéria, tal como constam de Adeniji e Akinjiola (2015).

a. **Profissionalismo da formação**: devido à falta de reconhecimento da profissão de professor, muitos indivíduos talentosos que teriam um excelente desempenho no ensino não estão dispostos a ingressar na profissão.
b. **Má aplicação das políticas**: Não há uma implementação correta das políticas que orientam a formação de professores. Por exemplo, os professores recém-recrutados devem efetuar um estágio de um ano.
c. **Más condições de serviço e síndroma da fuga de cérebros**: não existem incentivos para atrair e reter os melhores cérebros nas escolas nigerianas.
d. **Conhecimento e utilização insuficientes das tecnologias da informação e da comunicação (TIC):** muitos estabelecimentos de ensino superior continuam a utilizar o modo tradicional com pouca ou nenhuma adaptação das TIC.
e. **Recursos inadequados**: Recursos inadequados, tais como laboratório de matemática, material didático, etc.

Estratégias para melhorar a formação de professores de matemática com vista ao sucesso académico

Os professores de matemática são o alicerce do desenvolvimento de qualquer nação, uma vez que este pode ser atribuído à educação. Isto significa que a educação não pode existir sem professores. A realização dos objectivos do ensino da matemática em todos os níveis de ensino depende em grande medida da qualidade e da quantidade de mão de obra disponível no terreno. Para realizar o Objetivo de Desenvolvimento Sustentável, a formação de professores de matemática exige a preparação e a melhoria da profissão docente. Para que esta melhoria seja possível, há que ter em conta os seguintes aspectos, como salientam Dambatta e Salman (2014).

a. **Tecnologias da informação e da comunicação (TIC):** os professores de matemática devem adotar pedagogias tecnologicamente orientadas, tais como jogos matemáticos suportados pela Internet, libertadores virtuais, apresentação de lições através de repositórios e animação em linha e participação em redes e comunidades, entre outros. Isto deve ser acrescentado ao ensino da matemática, de modo a satisfazer as necessidades e os valores dos estudantes, uma vez que a nação está a lutar pelo desenvolvimento sustentável.

b. **Implementação de políticas**: deve haver uma implementação adequada das políticas que orientam a formação de professores na prática, em vez de se trabalhar no papel sem ação. Por exemplo, só os professores profissionalmente qualificados e registados podem exercer a sua profissão em todos os níveis do sistema educativo, como consta do documento sobre educação.

c. **Estudos de pós-graduação**: os professores de matemática devem ser autorizados a tirar uma licença de estudo para frequentarem um programa de pós-graduação, a fim de actualizarem os seus conhecimentos pedagógicos e de conteúdo.

d. **Requisitos de admissão**: os requisitos para a admissão de futuros professores de matemática na faculdade de educação e na faculdade de educação devem ser objeto de uma revisão rigorosa. Uma vez que os professores de matemática são a construção de uma nação, apenas os indivíduos interessados e motivados devem ser primordiais, se o desejo é fazer sobressair o melhor neles. As escolas superiores de educação, os institutos superiores de educação ou as faculdades de educação não devem ser considerados como um dado adquirido ou utilizados como depósito de lixo para os alunos fracos que não conseguem progredir nos seus departamentos respeitados. Isto poderia resultar numa atitude de boa vontade dos candidatos relativamente à formação de professores na Nigéria.

Além disso, o conceito de motivação e interesse e os quadros teóricos de ambos os conceitos serão discutidos para determinar o seu impacto no desempenho académico, uma vez que foi discutido o papel dos professores de matemática na motivação do interesse dos alunos pela matemática.

CONCEITO DE MOTIVAÇÃO

PONTOS FOCADOS NESTE CAPÍTULO
• Quadros teóricos sobre a motivação • *Teoria Cognitiva* • *Teoria do prazer-dor* • *Teoria da auto-atualização* • *Teoria da Emoção-Arousal*

É geralmente considerado como o que leva um indivíduo a comportar-se de uma determinada forma (Ivowi, 2011). Trata-se de um conceito complexo, que lida com as necessidades, as vontades, as exigências e os desejos do indivíduo. A motivação é considerada como o impulso para atingir objectivos e o processo para manter esse impulso (Usman, 2021). É a força central que actua sobre um indivíduo para procurar aprender ou permanecer atento e ativo no processo de ensino-aprendizagem. Um aluno motivado esforça-se por fazer um maior esforço na sala de aula para atingir os seus objectivos, apesar das dificuldades. A motivação é essencial no processo de aprendizagem para melhorar o desempenho. A motivação dá aos indivíduos a necessidade de aprender eficazmente (Ahmad, el at.,2024). Os alunos são encorajados a ouvir, a exprimir-se durante as discussões sobre matemática e envolvidos ou empenhados no processo de aprendizagem, fornecendo ideias, competências matemáticas e conceitos para um desenvolvimento total.

É de notar que os motivos e as motivações são internos a cada indivíduo. Há também um fator externo que desperta ou orienta o nosso comportamento, como os doces, o dinheiro, os prémios e os troféus. Mas é preciso haver um motivo interno que leve o indivíduo a desejar essas recompensas externas. A forma como se tenta despertar o comportamento diz muito sobre a aprendizagem. Alguns professores usam castigos, prometem prémios ou fazem uma série de ameaças para motivar os seus alunos a aprender. Outros professores organizam as suas aulas de uma forma tão bem ordenada, simples-complexa, passo-a-passo para uma aprendizagem eficaz para motivar os seus alunos. A motivação é classificada em duas categorias, com base na sua fonte: intrínseca e extrínseca.

A motivação intrínseca tem origem no interior de um indivíduo. Não depende da atribuição de recompensas, mas implica fazer algo ou realizar uma ação com autoconvicção, autodeterminação e vontade própria. É uma vontade, um impulso ou uma tendência biologicamente inerente ao ser humano para realizar uma ação. O indivíduo está auto-motivado para atingir um determinado objetivo sem influências externas. Pode dizer-se que um estudante que decide trabalhar arduamente e destacar-se em todas as suas disciplinas sem ser motivado pelo professor, pelos pais ou pelos colegas, pode ser considerado como tendo demonstrado motivação intrínseca. Alguns factores que reforçam a motivação intrínseca são: a curiosidade, os objectivos definidos pelo indivíduo, o interesse, a estimulação mental e a mentalidade de grandeza/desejo de se destacar. Os alunos que têm este tipo de motivação não precisam de factores externos para serem sérios nas suas actividades escolares, fazem a coisa certa no momento certo. Motivação extrínseca: ocorre quando o indivíduo é motivado a fazer algo ou a comportar-se de uma determinada maneira em resultado de influências externas. Exemplos de influências externas incluem: incentivo ou recompensa, competição, aconselhamento, punição, expetativa dos pais, disponibilidade de materiais e aparelhos interessantes, desafios de alguns ângulos, pares e desempenho anterior. No entanto, é muito importante ser mais motivado intrinsecamente do que extrinsecamente. Como professor de matemática, deve encorajar a utilização de ambas para conseguir uma aprendizagem significativa e deve ter o cuidado de não as utilizar em excesso. A motivação proporciona o impulso e a determinação necessários para trabalhar e atingir objectivos específicos, aumentar a produtividade, o crescimento pessoal, ultrapassar desafios, aumentar a satisfação com os objectivos, ter uma perspetiva positiva, melhorar a autoconfiança, reforçar a capacidade pessoal, ter um sentido de propósito e melhorar a gestão do tempo. Existe alguma relação entre motivação e ensino. O principal objetivo do ensino é ajudar as crianças a aprender. O professor consegue-o através da motivação das crianças. Estas devem ser encorajadas sempre que se esforçam por compreender o que o professor está a ensinar. Esta vontade de aprender pode ser demonstrada através da resposta voluntária a perguntas ou do facto de o professor chamar os nomes das crianças. Um bom professor deve sentir-se muito feliz e satisfeito quando os seus filhos compreendem o que está a ensinar. Para o conseguir, o professor inspira as crianças através de um bom ensino e de uma combinação de motivação. Mas esta última deve ser utilizada com precaução para evitar o seu excesso, e a escolha da motivação dependerá da idade, da maturidade e das necessidades do aluno. A motivação e o interesse são conceitos relacionados mas distintos. Em resumo, a motivação é a força motriz por detrás do comportamento, enquanto o interesse é a inclinação e o envolvimento com actividades ou conteúdos específicos. Mais informações sobre o interesse serão abordadas na próxima unidade.

Quadros teóricos sobre a motivação

Muitos psicólogos estudaram a motivação, o que deu origem a muitas teorias da motivação. Enquanto educador matemático ou aprendente, deve estar ciente desta teoria relevante sobre a motivação, a fim de desenvolver o seu próprio sistema de motivação dos outros. As teorias da motivação são muito importantes porque fornecem a base para interpretar porque é que nos comportamos como o fazemos. Pode decidir escolher uma que pareça explicar melhor a motivação ou pode desenvolver uma mistura de teorias.

As quatro teorias básicas são: a teoria cognitiva, a teoria do prazer-dor, a teoria da auto-realização e a teoria da emoção-despertares.

Teoria Cognitiva

As pessoas que defendem uma teoria cognitiva insistem que a lógica, o raciocínio e o processo de pensamento são as causas das mudanças ou diferenças no comportamento humano. Esta teoria recebeu muitas bênçãos dos primeiros filósofos, que defendem que os animais são governados pelos seus impulsos ou necessidades. Eles acham que todas as dificuldades da vida são o resultado de uma lógica deficiente, de uma estruturação deficiente do comportamento ou de um pensamento deficiente. Comentavam que, quando os indivíduos não usam a cabeça, vai haver algum fracasso na aprendizagem. É claro que muitas pessoas acreditam que o pensamento e a lógica são importantes e devem ser enfatizados na sala de aula. O sucesso académico é considerado como o resultado de processos de pensamento, raciocínio e memória.

Teoria do prazer-dor

Esta teoria foi criada por filósofos gregos que acreditavam no princípio do prazer-dor e tornou-se a teoria da motivação mais popular entre os psicólogos. Afirmam que uma pessoa se esforça por obter prazer e procura evitar a dor. Acreditavam também que o motivo principal nas nossas vidas afecta a maioria das coisas que fazemos. Podemos produzir mudanças nas respostas das outras pessoas, recompensando-as ou punindo-as pelo seu comportamento. Todas as várias formas de simulação, que trazem recompensa e punição a um indivíduo, determinam o seu comportamento. Esta teoria enfatiza que, quando os professores ou os pais querem que uma criança aprenda, devem usar a recompensa para ensinar a criança a produzir o comportamento desejado e o castigo para eliminar o comportamento indesejado.

Teoria da auto-atualização

A maioria dos psicólogos que defendem a auto-realização vêem a motivação como algo que tem a ver com o comportamento humano e com a investigação. Eles comentaram que o pensamento humano é motivado por um número de necessidades básicas para que uma pessoa se torne auto-realizável. As necessidades devem ser organizadas numa ordem fixa, desde as necessidades mais baixas até às necessidades mais elevadas. As necessidades incluem: a necessidade de segurança, de aprovação, de amor e de autoestima devem ser satisfeitas em primeiro lugar. Assim, devemos certificar-nos de que as necessidades de alimentação adequada e nutritiva de um indivíduo são satisfeitas antes de podermos esperar que essa pessoa seja motivada para a autoestima e a auto-realização. É muito difícil pensar em auto-realização e independência quando se está a morrer de fome. Para motivar alguém a aprender, seria necessário identificar as necessidades dessa pessoa e conhecer a hierarquia dessas necessidades. Acreditam ainda que o que motiva uma pessoa a aprender é o seu desejo de se tornar alguém único e responsável. Se for permitido às crianças serem independentes, libertarem-se das restrições institucionalizadas nos seus processos de pensamento e produzirem as suas próprias coisas, serão motivadas para a auto-realização. Aprenderão a ser auto-realizadas.

Teoria da Emoção-Arousal

Por volta de 1950, a teoria foi descoberta e os psicólogos demonstraram a existência do sistema de ativação reticular, denominado sistema de excitação. Existem dois sistemas gerais no cérebro que estão relacionados com a emoção e a motivação, o sistema límbico e o sistema reticular ativador. A teoria começa com o conceito de que cada pessoa tem o seu próprio nível caraterístico de excitação. Este nível varia tanto entre indivíduos como dentro de cada indivíduo ao longo de um período de tempo. De acordo com esta teoria, a motivação está centrada no cérebro e depende muito do nível de excitação da própria pessoa.

Isto implica que nem todos podem ser obrigados a ter a mesma motivação para realizar uma atividade de grupo. O nosso sistema cerebral e o nosso sistema motivacional são demasiado variados. Por conseguinte, não devemos forçar os motivos e a motivação dos outros. As pessoas que acreditam nesta teoria da motivação são muito sensíveis às diferenças individuais e aos determinantes fisiológicos, mais do que a uma norma de grupo ou a um padrão único de motivação.

CONCEITO DE INTERESSE

PONTO CENTRAL DESTE CAPÍTULO
• Quadro teórico sobre os juros • Circuito de interesse • Loop de criação • Loop de hábitos

O interesse, um conceito amplamente reconhecido tanto na psicologia como na educação, refere-se à inclinação de um indivíduo para se envolver com um conteúdo específico, como a matemática, ao longo do tempo. Engloba atributos como curiosidade, concentração sustentada, sentimentos agradáveis e maior motivação para aprender (Owora & Chika, 2019). O interesse exerce uma influência positiva na atenção, na definição de objectivos e nos estilos de aprendizagem, beneficiando indivíduos de todas as idades dentro e fora do ambiente escolar. O interesse serve como uma potente força motivacional que acende a aprendizagem e orienta o sucesso académico (Zambuk, 2021). Diz-se que o interesse é um poderoso fator de motivação que desencadeia e promove a aprendizagem e é considerado essencial para o sucesso académico. O interesse é caracterizado por um esforço, uma atenção e um afeto acrescidos, experimentados num determinado momento, bem como por uma predisposição duradoura para voltar a empenhar-se em tarefas académicas, como a matemática. A presença de interesse pode assegurar um envolvimento ativo e significativo nas actividades académicas, o que é fundamental para o sucesso académico e melhores resultados de aprendizagem (Toli & Kallery, 2021)

Emefa et al. (2020) definem o interesse como um estado psicológico que ocorre durante a interação entre uma pessoa e um assunto ou atividade específica, incluindo o processo de vontade, atenção, concentração e sentimento positivo em relação a esse assunto ou atividade específica. Neste estudo, o interesse é operacionalizado como o envolvimento emocional dos alunos na aprendizagem da matemática, significando o seu prazer nas tarefas matemáticas (Wong & Wong, 2019). O interesse pela matemática implica um envolvimento ativo em todas as actividades matemáticas, e o papel do professor na promoção desse interesse é indiscutível. Embora os alunos sejam os principais responsáveis pela sua aprendizagem, os professores desempenham um papel fundamental na orientação dos alunos na sua busca de conhecimentos. Através de interações eficazes entre professores e alunos, o interesse pela matemática pode ser alimentado e sustentado, dotando os alunos das competências essenciais para se tornarem alunos proficientes em matemática. Por conseguinte, o interesse surge como um fator preditivo do desempenho académico e assume particular relevância na elaboração de estratégias de ensino eficazes para a matemática.

Além disso, as crenças sociais podem moldar as atitudes dos alunos em relação à matemática. Alguns alunos são levados a acreditar, pelos pais, colegas ou professores, que a capacidade matemática é inata ou um dom, enquanto outros são incutidos com a noção de que a proeza matemática pode ser cultivada através da diligência (Scholastica, 2020). Quando os alunos consideram a capacidade matemática como inata, é mais provável que percam o interesse quando confrontados com desafios. Pelo contrário, aqueles que a vêem como um produto de trabalho árduo e colaboração tendem a manter o seu interesse apesar dos obstáculos (Owora & Chika, 2019).

Os psicólogos identificaram duas categorias de interesse: o interesse individual e o interesse situacional. O interesse individual, semelhante ao interesse pessoal, reflecte uma afeição relativamente estável por áreas temáticas ou objectos específicos. É fundamental para manter o empenhamento e a aprendizagem a longo prazo. Por exemplo, um aluno com um gosto pessoal pela matemática resolveria de bom grado problemas de matemática dentro e fora da sala de aula. O interesse situacional, por outro lado, é um estado transitório suscitado por caraterísticas específicas de uma situação ou tarefa, frequentemente influenciado pelo professor. Embora o interesse situacional possa ter impacto na motivação extrínseca, o interesse individual exerce uma influência a longo prazo sobre a motivação intrínseca (Scholastica, 2020). Para promover uma aprendizagem eficaz da matemática e o desempenho académico, os alunos precisam de desenvolver e alimentar o interesse individual, que molda gradualmente o seu envolvimento a longo prazo com a disciplina. O interesse situacional, embora fugaz, pode aumentar a motivação extrínseca e criar um envolvimento transitório durante experiências de aprendizagem específicas. Assim, a interação entre o interesse individual e situacional torna-se crucial para compreender como os alunos se envolvem com a matemática e o seu impacto nos seus resultados académicos (Owora & Chika, 2019).

A importância do interesse em qualquer tarefa reflecte-se na demonstração visível de esforço, que se manifesta na repetição de actividades sem sentir tédio, na melhoria do desempenho e no aumento da criatividade na respectiva área. Zambuk (2021) salienta que gerar interesse pode ser um desafio se o potencial subjacente estiver ausente. Embora o interesse possa ser facilmente despertado, a sua manutenção requer factores concretos. Tanto os factores de motivação intrínsecos como os extrínsecos desempenham um papel fundamental na geração e manutenção do interesse, particularmente no âmbito dos professores. Os resultados da investigação sublinham a importância da perseverança para gerar e manter o interesse dos alunos. Neste domínio, os professores experientes e determinados desempenham um papel vital para estimular e alimentar o interesse dos alunos. Embora o interesse pela matemática tenha sido considerado um fator importante que influencia a participação e o sucesso em matemática (Oluyemo, et al, 2020), os estudos mostraram que o interesse negativo pela aprendizagem da matemática foi demonstrado mesmo por alunos do ensino primário (Emmanuel, 2023). No entanto, as estratégias de ensino centradas no aluno podem melhorar e manter o interesse dos alunos pela matemática (Arianto & Rusli, 2021; Ryan, Fitzmaurice & O'Donoghue, 2022; Fabarebo, Honmane & Bashir, 2023; Jimmy & Mkomwa, 2023).

Quadro teórico sobre os juros

Investigadores asiáticos juntaram-se em colaboração para propor uma teoria de nível macro conhecida como teoria do criador motivado pelo interesse (IDC), publicada no ano de 2018 (Chan, et al., 2018). A teoria IDC afirma que, quando impulsionados pelo interesse, os alunos podem envolver-se no processo de criação nas suas rotinas de aprendizagem diárias, os alunos desenvolverão o século XXI. A teoria enfatiza a importância de promover a aprendizagem dos alunos através do interesse; e também enfatiza a aprendizagem dos alunos através de actividades de criação e conceção de criações orientadas para o interesse. O objetivo final da teoria IDC é educar a nossa próxima geração para que se torne criadora de interesse ao longo da vida. Em suma, a teoria IDC tem como objetivo informar a conceção da educação futura na Ásia e no mundo em geral. É constituída por três conceitos fundamentais: interesse, criação e hábito. Além disso, a teoria IDC tem como objetivo orientar os alunos na construção do seu interesse através de três componentes que se referem ao "ciclo de interesse", que inclui o despertar do interesse, a imersão do interesse e a extensão do interesse.

Circuito de interesse:

Despertar o interesse - "curiosidade": é o primeiro componente do ciclo de interesse, diz respeito à facilitação de uma atividade que desperte o interesse inicial em aprender um determinado objeto. Despertar o interesse consiste em estruturar as actividades de aprendizagem de forma a captar a atenção dos alunos. Dowey (1913) defende que as actividades educativas devem despertar e estimular as necessidades imediatas do indivíduo. Pode tratar-se de um novo conceito, de uma nova competência, etc. Por exemplo, fornecer uma lacuna de informação incongruente e surpreendente. Por outras palavras, pode despertar a curiosidade. A curiosidade é um tema bem estudado no domínio da psicologia da educação que apresenta provas neurocientíficas, estando fortemente ligada ao sistema de querer e gostar no cérebro. Wong, et al. (2020) salientaram que os tipos de sentimentos que caracterizam a excitação deste sistema nos seres humanos seriam descritos como interesse intenso, curiosidade empenhada e participação ansiosa. Verificou-se que tal comportamento em humanos produz sentimentos de revigoramento, como se algo muito interessante e excitante estivesse a acontecer, o que resulta na necessidade de um processamento cognitivo mínimo para desencadear o interesse situacional, especialmente nas fases iniciais do desenvolvimento do interesse. O desenvolvimento de um novo interesse inicia-se quando algo chama a atenção de um aluno, esse processo é conhecido como despoletar. Embora o despoletar do interesse ocorra repetidamente em todas as fases de interesse, desenvolvimento e aprofundamento do interesse. Para manter o interesse dos alunos para além da atividade desencadeadora, é muito importante facilitar o "interesse imersivo".

Interesse imersivo - "fluxo"; esta é a segunda componente do ciclo de interesse e diz respeito ao desenvolvimento ou à conceção de tarefas de aprendizagem que captem toda a atenção dos alunos. A principal estratégia de conceção correlacionada com esta componente é permitir que os alunos experimentem o fluxo. O fluxo refere-se aqui a uma experiência de envolvimento emocional intenso, estando completamente empenhado na atividade por si só. Como resultado, surgem sentimentos de controlo ou de mestria, de prazer total na realização da tarefa, de falta de consciência da passagem do tempo, de perda de consciência de si próprio e de grande gratificação pelo facto de a tarefa ser intrinsecamente gratificante. Quando os estudantes experimentam o fluxo, procuram desafios cada vez maiores, dedicando mais atenção para alargar as suas competências para enfrentar esses desafios, o que resulta em desenvolvimento pessoal e em sentimentos de eficácia (Wong, el at.,2020). Sempre que as tarefas de fluxo são colaborativas, o envolvimento nessas actividades com um interesse imersivo permite que os estudantes construam relações sociais positivas, cuidando e beneficiando os outros. No entanto, com a situação dos alunos a ser mantida através do "fluxo", eles estão talvez a um passo de desenvolver o interesse individual no domínio-alvo através do "interesse alargado"

Alargar o interesse - "significado", o componente final do ciclo de interesse, está relacionado com a conceção de actividades para alargar o interesse do aluno no domínio após a imersão na atividade de aprendizagem. A extensão do interesse também predispõe os alunos a voltarem a envolver-se em actividades semelhantes, caso surjam oportunidades.

Outra forma de os alunos se desenvolverem é através do aumento do seu interesse e envolvimento em actividades. Ao desenvolver actividades ou experiências lúdicas novas e diversificadas, podemos promover mudanças importantes e generalizadas no desenvolvimento global da criança. Sempre que os alunos são expostos a coisas diferentes para se desenvolverem. A exposição é vital e é nossa função, enquanto professores de matemática e educadores, expor os nossos alunos a novas experiências. A nossa principal tarefa é apoiar os nossos alunos na sua aprendizagem. Embora isto possa parecer simples, também sabemos que, para alguns alunos, as actividades novas e a novidade não são divertidas e podem ser recebidas com resistência.

Um aspeto fundamental do jogo é a capacidade de aprender a gerir a incerteza e o medo de um novo conceito ou tarefa. Alargar os interesses de um aluno abre oportunidades de aprendizagem, participação, comunicação linguística e interação social. Proporciona aos alunos actividades para ocuparem o seu tempo. Proporciona actividades significativas para partilhar com os entes queridos. Este deve ser o momento certo em que o significado e a aprendizagem auto-dirigida entram no processo de aprendizagem informado pelo ciclo de interesses. O objetivo é ajudar os alunos a transformar o seu interesse situacional mantido em interesse individual emergente.

O conceito de significado ou de aprendizagem significativa tem duas formas: o construtivismo e a autenticidade. Para o construtivismo, o significado é o que é mais importante do que aquilo que já se sabe. Afirma que a aprendizagem é significativa se os alunos conseguirem relacionar e integrar os novos conhecimentos com as suas estruturas de conhecimento antigas. Por outro lado, a aprendizagem significativa é o enriquecimento e a extensão do conhecimento prévio. De facto, o conhecimento e o interesse reforçam-se mutuamente: um aumento do conhecimento conduz a um aumento do interesse e vice-versa (Wong, el at., 2020).

A teoria parte da hipótese de que os alunos, impulsionados pelo interesse, podem empenhar-se na criação de conhecimentos (gerando ideias e artefactos). Ao repetirem este processo de criação nas suas rotinas diárias de aprendizagem, irão destacar-se no desempenho da aprendizagem, desenvolver competências do século XXI e hábitos de criação. A teoria da IDC tem três conceitos fundamentais, nomeadamente, interesse, criação e hábito. Cada um dos conceitos ancorados inclui três componentes. O interesse foi discutido com o ciclo de interesse. A criação é o segundo conceito ancorado e tem três componentes: imitação, combinação e encenação.

Loop de criação:

A imitação diz respeito à absorção ou introdução de uma quantidade abundante de conhecimentos existentes do mundo exterior para formar o conhecimento de base. **A combinação** refere-se à apresentação ou produção de novas ideias ou artefactos de forma prolífica, sintetizando os conhecimentos existentes. **A encenação** refere-se à demonstração repetida das ideias ou artefactos gerados às comunidades relevantes e à receção de feedback dessas comunidades para melhorar a novidade e o valor do resultado demonstrado, ao mesmo tempo que se obtém reconhecimento social e se alimenta uma emoção social positiva. Os três componentes formaram o que se designa por ciclo de criação. A terceira âncora é o hábito, que tem três componentes: ambiente de estímulo, rotina e harmonia.

Para tornar a teoria mais clara, podemos também introduzir o bom hábito e a aprendizagem. A aprendizagem é o processo de formação de circuitos neuronais relativamente permanentes através da atividade simultânea dos elementos dos circuitos a serem formados; essa atividade é da natureza da mudança nas estruturas celulares através do crescimento de forma a facilitar a excitação de todo o circuito quando um elemento componente é excitado ou ativado. A aprendizagem refere-se à alteração do comportamento de um sujeito em relação a uma dada situação, provocada pelas suas experiências repetidas nessa situação, desde que a alteração do comportamento não possa ser explicada com base nas tendências de resposta nativas, na maturação ou em estados temporários do sujeito.

Laço do hábito

A importância de cultivar os bons hábitos de aprendizagem dos alunos foi reconhecida há muito tempo por investigadores, educadores e pais (Chen, et al., 2020). A aprendizagem compreende uma mudança contínua e estável naquilo que uma pessoa sabe ou faz. Os hábitos de aprendizagem exercem uma influência significativa na aprendizagem e no desenvolvimento dos alunos. O autor e educador chinês Yeh Sheng-Tao perguntou "o que é a educação? Para responder a esta pergunta de uma forma simples, precisamos de uma afirmação: cultivar bons hábitos". Para desenvolver bons hábitos nos alunos, com vista a uma criação orientada para o interesse, precisamos de ter um conhecimento profundo da formação de hábitos. A formação de hábitos é o processo sistemático pelo qual um novo comportamento se torna automático (Wong, et al., 2019). O hábito é uma rotina normal de comportamento que se repete regularmente e tende a ocorrer inconscientemente. Os psicólogos viam o hábito como "um caminho mais ou menos fixo de pensamento, vontade ou sentimento adquirido através da repetição anterior da experiência mental (Chen et al., 2020). Os hábitos são resumidos como processos cognitivos automáticos desenvolvidos por repetição extensiva, tão bem aprendidos que não requerem esforço consciente. O Dicionário Oxford (2014) define hábitos como "uma tendência ou prática estabelecida ou regular, especialmente uma que é difícil de abandonar" e "uma reação automática a uma situação específica". O hábito é o último ancorado na teoria do IDC, que compreende três conceitos. Estes são: ambiente de estímulo, rotina e harmonia, este ciclo de hábitos constituído, e discutir a forma como este "ciclo de hábitos" pode ser integrado na conceção de actividades de aprendizagem com o objetivo final de obter bons resultados na aprendizagem.

A **estimulação do ambiente** é a primeira componente do ciclo do hábito. O ambiente é a mão invisível que molda o comportamento humano. Um ambiente estimulante pode servir de motor de hábitos para o comportamento automático. É muito importante porque pode levar os alunos a adotar o comportamento de forma consistente e a desencadear o comportamento de aprendizagem. Os hábitos formam-se quando os actos estão ligados a um estímulo através de uma repetição constante. Por exemplo, quando acordamos de manhã, rezamos, cumprimentamos os pais, lavamos os dentes e tomamos banho, as acções tornam-se automáticas sem pedir a ninguém. Uma pista adequada deve ser fácil de identificar por um aprendente e influenciar a formação de hábitos, apoiando o desenvolvimento da automaticidade.

A rotina é o segundo componente do ciclo do hábito, é o padrão comportamental que repetimos com mais frequência, literalmente gravado nas nossas vias neurais. Através da repetição e da prática, é possível formar e manter novos hábitos nos quais se formam novos mecanismos de resposta. Uma boa estratégia para começar a formar um novo hábito é mantê-lo fácil e simples, como relatado por alguns pesquisadores (Chen et al.,2020). Eles ressaltaram que comportamentos complexos levam mais tempo para se tornarem hábitos nas atividades cotidianas.

A harmonia é o terceiro componente do ciclo do hábito, o que significa a reativação do hábito. Através de comportamentos e acções de rotina, as pessoas podem sentir que as suas necessidades são satisfeitas e que recebem recompensas internas. Essas recompensas podem servir para facilitar a repetição constante do seu hábito. No conceito de ciclo de hábitos, abordamos o ciclo de hábitos como um resultado psicológico do hábito a prosseguir. De acordo com Wong, el at., (2020), para se estar em harmonia, deve primeiro estabelecer-se um objetivo de vida desafiante e depois fazer esforços para o resolver. Durante o processo de resolução do objetivo de vida, obtém-se uma experiência psicológica unificada. Harmonia significa paz, acordo ou concórdia. Quando as pessoas estão em harmonia, sentem prazer, satisfação, realização e paz interior. Quando os alunos adquirem os sentimentos positivos acima mencionados após uma atividade de rotina, o hábito que criaram torna-se um passatempo. Por outras palavras, após a formação de um hábito, com repetidos sentimentos de harmonia como resultados da ativação do hábito, os alunos comportar-se-iam por interesse - prosseguindo a atividade de rotina sempre que houvesse oportunidade. Ao prosseguirem um determinado passatempo durante um longo período, os alunos podem adquirir conhecimentos e competências consideráveis nessa área de interesse. Para terminar, esperamos que a teoria IDC sirva bem o seu objetivo, fornecendo uma base válida para estudar e compreender o cultivo do interesse pela aprendizagem da matemática, a criação e a resolução de problemas complexos e o desenvolvimento de criadores habituais motivados pelo interesse. Os educadores matemáticos e os investigadores devem tentar adotar esta teoria para orientar o nosso ensino na sala de aula, de modo a conseguir uma aprendizagem eficaz.

CONCEITO DE SUCESSO ACADÉMICO

PONTO CENTRAL DESTE CAPÍTULO
- Factores que influenciam o desempenho académico - Teoria do Sucesso Académico

A Nigéria, enquanto nação, preocupa-se muito com o desempenho académico dos estudantes e com a melhoria da qualidade do ensino, investindo também em grande medida nos recursos educativos e humanos. A melhoria do desempenho académico dos estudantes é um dos objectivos básicos do planeamento educativo, para que os estudantes possam desenvolver os seus talentos e capacidades em conformidade com os objectivos educativos. O rendimento académico é um dos critérios mais importantes da qualidade da educação. Assim, o rendimento académico é, sem dúvida, uma variável importante entre os estudantes, os pais, os professores, os administradores escolares e a nação em geral (Bell, 2017). Embora o conceito de rendimento académico tenha várias definições, para Ahmad, el at., (2024), é o critério para avaliar o sucesso ou o insucesso dos estudantes após a conclusão do programa, sendo normalmente avaliado como alto ou baixo, correspondendo a um bom ou mau desempenho. É um indicador que mede a medida em que um aluno, um professor ou uma instituição atingiram os seus objectivos educativos a curto ou a longo prazo através de uma avaliação ou de um exame, que são utilizados para medir o desempenho dos alunos. Este aproveitamento pode afetar a vida atual e futura dos estudantes, bem como retratar a sua produtividade e capacidade inerentes (Mappadang el at., 2022). O rendimento académico pode ser medido através da média das notas dos estudantes, enquanto que, para as instituições, pode ser medido através das taxas de graduação. Diz-se que o rendimento académico é elevado quando é igual ou superior ao padrão esperado de um estudante, enquanto que o rendimento académico é baixo quando é inferior ao padrão (Ahmad, el at.,2024). A avaliação do rendimento académico assenta em exames ou na avaliação contínua, sendo que numerosos factores, como a ansiedade dos testes, o ambiente de aprendizagem, a motivação, o interesse e as emoções, influenciam o resultado. O rendimento académico é considerado elevado quando ultrapassa ou cumpre o padrão esperado e fraco quando fica abaixo desse padrão (Scholastica, 2020). Exemplos de avaliações utilizadas são o GPA (grade point average) juntamente com as pontuações do SAT (Scholastic Assessment Test) para avaliar o rendimento académico e as suas diferenças com base no plano de ensino (Wong & Wong, 2016). Pode ser a compreensão de um determinado sector do conhecimento. Assim, pode ser uma tarefa académica ampla aplicada a múltiplas áreas de pensamento crítico ou incluir conhecimentos e compreensão num domínio intelectual específico. Nomeadamente, o ensino nas aulas pode ter impacto no desempenho dos alunos, o que pode causar variações entre eles. Por este facto, os professores desempenham um papel vital no processo de instrução de uma turma e podem ver como o sucesso pode ser registado durante o processo de ensino-aprendizagem. Se o aluno registar um insucesso, então o processo de ensino-aprendizagem não foi bem sucedido. Na sala de aula, os professores são os líderes executivos e responsáveis pela compreensão das necessidades de aprendizagem específicas de cada aluno. Um professor eficaz deve esforçar-se por utilizar abordagens inovadoras para envolver todos os alunos. O professor deve também ter em conta os alunos com necessidades especiais para garantir que todos eles acompanham e retêm o conceito aprendido (Bell, 2017). É uma grande responsabilidade, uma vez que são líderes na comunidade académica. A questão do professor e das suas funções foi amplamente debatida na unidade anterior. Apesar dos maus resultados nos exames externos (SSCE e NECO), atribuíveis a diversos factores, como o interesse dos alunos, os atributos pessoais, a motivação e os métodos de ensino, concentrar-se nos interesses dos alunos torna-se uma abordagem razoável para compreender o desempenho académico em matemática.

Factores que influenciam o desempenho académico

Os factores intelectuais eram utilizados como foco de estudo da investigação sobre os factores que influenciam o desempenho académico em matemática e, em seguida, o desenvolvimento de qualquer literatura relacionada (Ahmad, 2016), mas mais frequentemente os factores não intelectuais, os factores ambientais, têm recebido a atenção dos estudiosos da educação matemática. Alguns estudiosos mostraram que os factores de inteligência estavam moderadamente relacionados de forma positiva com o desempenho académico dos alunos. Outros chegaram à mesma conclusão, encontrando uma correlação positiva entre a inteligência dos alunos e o rendimento académico. Zhou e Siti (2022) comentaram que os factores não intelectuais influenciam o rendimento académico, tais como os factores motivacionais, os factores emocionais e os factores de personalidade. Consideram que os factores não intelectuais devem ser valorizados e ter o mesmo efeito que os factores intelectuais no rendimento dos alunos. Noutro ponto de vista, os factores não intelectuais incluem o temperamento e a personalidade, e centram-se mais nos factores de personalidade. Além disso, os factores de influência incluem:

1. Factores da rede social, incluindo factores de interação entre pares, interpessoais e sociais.
2. Factores familiares, incluindo o envolvimento dos pais, os estilos de interação familiar, a cultura familiar e o ambiente da comunidade em que vivem.

3. Factores escolares, incluindo a instrução do professor, a relação professor-aluno, o apoio escolar e a tecnologia da informação escolar.

Teoria do Sucesso Académico

A teoria relevante para o desempenho ou rendimento académico é a teoria do desempenho académico (ToP) desenvolvida por Elger (2007). A teoria baseia-se em seis conceitos fundamentais para formar um quadro que explique o desempenho e a melhoria do desempenho. Acrescentou que o desempenho é a capacidade de realizar uma série complexa de acções que integram competências e conhecimentos para obter resultados valiosos e que o "executante" é um indivíduo ou um grupo que colabora, enquanto o nível de desempenho é a localização num percurso académico. De acordo com Elger (2007), os seis componentes que servem de base são: conhecimentos, competências de aprendizagem, identidade, contexto, factores pessoais e factores fixos, com três axiomas propostos para um desempenho eficaz: a mentalidade do executante, a imersão num ambiente enriquecedor e o empenho na tarefa. As condições para um desempenho e uma melhoria óptimos podem ser sintetizadas nos três axiomas. **Axioma** 1- **A mentalidade do executante** envolve acções que envolvem emoções positivas. Por exemplo, estabelecer objectivos desafiantes, permitir o fracasso como uma variável natural para atingir um desempenho elevado e proporcionar condições em que o executante sinta uma certa segurança. **Axioma 2-**

Imersão: trata-se de um ambiente físico, social e intelectual que pode elevar o desempenho e estimular o desenvolvimento pessoal e profissional. Os elementos envolvem a interação social, o conhecimento disciplinar, a aprendizagem ativa, as emoções positivas e negativas e o alinhamento espiritual. Axioma **3 - Envolvimento:** envolver o executante na prática reflexiva e ajudar as pessoas a prestar atenção e a aprender com a experiência. Os exemplos incluem observar o nível atual de desempenho, registar as realizações, analisar e desenvolver a identidade e melhorar os níveis de conhecimento. O desempenho de um sistema, por exemplo, um pequeno-almoço em casa, depende dos componentes do sistema e das interações entre esses componentes. Do mesmo modo, o nível de desempenho de um indivíduo ou de uma organização depende destas seis (6) componentes que interagem de forma holística para desenvolver ou estabelecer o nível de desempenho, como se explica a seguir:

Nível de identidade: Como um dos componentes desta teoria, isso significa dizer que a maturidade de um indivíduo na disciplina assume uma identidade comum partilhada da comunidade académica enquanto promove o seu próprio objetivo único. À medida que uma organização amadurece, desenvolve ou cria a sua missão, a sua forma de fazer negócios e a sua singularidade. Por exemplo, um professor avalia o seu desempenho através dos resultados de aprendizagem dos alunos, enquanto o professor utiliza gíria para descrever uma atividade de planeamento de projeto. Os administradores da instituição assumem a liderança, enquanto os investigadores desenvolvem a sua identificação como uma organização de desempenho. Cada um deles assume uma identidade partilhada.

Nível de competências: é outra componente da ToP, em que as competências descrevem actos específicos que são utilizados por indivíduos, grupos ou organizações em múltiplos tipos de desempenho. Cada indivíduo formularia hipóteses e tentaria ser humilde ao estabelecer objectivos observando. Assim, descreve-se uma ação que é relevante num vasto leque de contextos de desempenho.

Nível de conhecimento: o conhecimento compreende factos, informações, conceitos, teorias ou princípios adquiridos por um indivíduo ou grupo através da experiência ou da educação.

Contexto do desempenho: tem a ver com as variáveis associadas à situação em que o indivíduo ou a organização actuam. Isto significa que a aprendizagem do aluno está associada à organização da sala de aula e à eficácia do departamento académico da faculdade anfitriã.

Factores pessoais: esta componente está relacionada com todas as variáveis associadas à situação pessoal de um indivíduo, tais como a prontidão, o estilo de aprendizagem, a atitude, a motivação, o interesse, etc.

Factores fixos: esta componente inclui variáveis exclusivas de um indivíduo que não podem ser alteradas, por exemplo, o desempenho no basquetebol é influenciado pela altura e também por factores genéticos que influenciam o desempenho.

A teoria do desempenho constitui um desafio para os educadores matemáticos: ao melhorarmos os nossos próprios resultados, capacitamo-nos para ajudar os outros a aprender e a crescer. Tal como defendido pelo Projeto Zero de Harvard em Ukpaka (2023), o desempenho está intimamente relacionado com a aprendizagem para a compreensão. Quando as pessoas aprendem e crescem, ficam habilitadas a criar resultados que fazem a diferença. Trabalhar e aprender em conjunto de forma a tornar o mundo melhor tem sido o principal objetivo do ensino superior ao longo dos tempos.

TRABALHOS DE INVESTIGAÇÃO

PONTOS DE ATENÇÃO DESTE CAPÍTULO
• Revisão da literatura relacionada • Objetivo do estudo • Questões de investigação • Hipótese • Importância do estudo • Métodos de investigação • Resultados e discussão

O autor do livro efectuou um estudo sobre esta matéria, que é apresentado a seguir: **Interest as Predictor of Mathematics Achievement among Senior Secondary School Students in Bida Educational Zone, Niger State, Nigeria (O interesse como preditor do sucesso em Matemática entre alunos do ensino secundário na zona educativa de Bida, Estado do Níger, Nigéria).** Os alunos com interesse numa disciplina como a matemática estão provavelmente motivados para gerir a sua aprendizagem e desenvolver as competências necessárias para se tornarem alunos eficazes dessa disciplina. Assim, o interesse pela matemática é um conceito relevante quando se considera o desenvolvimento de estratégias de aprendizagem eficazes.

Revisão da literatura relacionada

A explicação e a previsão do desempenho académico é uma área importante de investigação em educação matemática e psicologia da educação. No passado, foram efectuados estudos relacionados com o tema: "O interesse como fator de previsão do rendimento académico dos alunos do ensino secundário em matemática" para servir de guia em diferentes instituições de ensino na Nigéria e no mundo em geral.

O estudo realizado por Mohamed e Aron (2017) sobre o impacto da motivação no desempenho académico dos alunos em matemática nas escolas secundárias, utilizando o instrumento de medição da motivação e o teste de desempenho em matemática. O estudo foi orientado por seis hipóteses nulas e foi testado a um nível de significância de 0,05. Os dados recolhidos foram analisados através do teste t e da ANOVA. Os resultados revelaram que a diferença de género e o rendimento dos pais eram significativos quando se comparava o impacto da motivação no rendimento académico dos alunos do sexo masculino e feminino. Além disso, outros resultados indicam uma diferença significativa quando o grau de motivação foi considerado como variável de interesse no desempenho académico em matemática, com base no grau de motivação dos alunos. Foi realizada uma investigação semelhante com o objetivo de examinar uma possível relação entre o interesse e o desempenho em matemática entre os estudantes da Malásia num ambiente de aprendizagem com recurso à tecnologia. As análises de correlação mostraram que o interesse não estava significativamente correlacionado com o desempenho académico dos estudantes, mas foi encontrada uma relação significativa entre o interesse e o desempenho em matemática entre os estudantes que tinham um desempenho inferior em matemática. Foi salientada a importância de despertar o interesse dos alunos com um desempenho inferior em matemática, dada a sua forte ligação ao desempenho em matemática (Long, 2019).

Estudos anteriores relacionados com este tópico têm enfatizado consistentemente a correlação significativa entre o interesse e o desempenho académico em matemática (Wong & Wong, 2019; Arhin & Yanney, 2020; Mappadang, Khusaini, Sinaga, Elizabeth, 2022; Kingsley & Anamezie, 2022). Além disso, os resultados sugerem que o grau de motivação tem um impacto significativo no desempenho académico em matemática, com a motivação para a realização a emergir como um preditor do sucesso académico entre os alunos do ensino secundário.

Em contraste, Zambuk (2021) não relatou nenhuma relação significativa entre interesse e desempenho académico, concentrando-se no interesse e na autoeficácia como variáveis motivacionais. O estudo concluiu que o apoio emocional dos professores influenciou o interesse dos alunos pela matemática (Owora & Chika, 2019). Umar e Haruna (2021) também observaram que o interesse pode não ser necessariamente um preditor do desempenho em matemática, sugerindo que factores pessoais (como a ansiedade e a prontidão para os testes) e factores ambientais (como os métodos e materiais de ensino) podem entrar em jogo. Tendo em conta estes resultados mistos e inconclusivos, há uma necessidade premente de investigar o interesse como fator de previsão do desempenho académico em matemática entre os alunos do ensino secundário na zona educativa de Bida. Este estudo pode esclarecer melhor a complexa interação entre o interesse, a motivação e o desempenho académico em matemática, fornecendo informações valiosas tanto para os educadores como para os decisores políticos.

Objetivo do estudo

O objetivo geral do estudo é investigar se o interesse é um fator de previsão do desempenho académico dos alunos do ensino secundário em matemática da Zona Educativa de Bida, Estado do Níger, Nigéria. Especificamente, o estudo pretendia (1) Determinar o nível de interesse dos alunos em relação à aprendizagem da matemática no ensino secundário, (2) Determinar (a relação entre o interesse e) o desempenho académico em matemática entre os alunos do ensino secundário.

Questões de investigação

Para orientar o estudo, foram colocadas as seguintes questões de investigação:

(**RQ1**): Qual é o nível de interesse dos alunos pela aprendizagem da matemática no ensino secundário?

(**RQ2**): Qual é a relação entre o interesse e o desempenho académico em matemática entre os alunos do ensino secundário?

Hipótese

A seguinte hipótese nula foi formulada com um nível de significância alfa de 0,05: (H_0) Não existe uma relação significativa entre o interesse e o rendimento académico dos alunos do ensino secundário.

Importância do estudo

A investigação deste estudo sobre o papel do interesse como fator de previsão do desempenho académico em matemática entre os alunos do último ano do ensino secundário na Zona Educativa de Bida é promissora para um vasto leque de intervenientes na educação. Os alunos podem adquirir conhecimentos sobre a importância de fomentar o seu interesse pela matemática, melhorando potencialmente o seu desempenho académico. Os professores podem utilizar os resultados para aperfeiçoar as suas estratégias de ensino e tornar a matemática mais cativante para os alunos, enquanto os administradores escolares podem considerar ajustamentos de políticas para apoiar os professores e melhorar o ambiente global de aprendizagem. Os criadores de currículos podem beneficiar de conhecimentos sobre materiais didácticos e abordagens que fomentam o interesse pela matemática, e os decisores políticos podem utilizar a investigação para tomar decisões baseadas em provas que melhorem o ensino da matemática na região, beneficiando, em última análise, todo o sector da educação.

Métodos de investigação

Este é um desenho de investigação de correlação que fornece a associação entre duas variáveis (interesse e desempenho académico) que foram investigadas. Estes desenhos são mais adequados porque permitem a recolha de dados sobre as variáveis do estudo e descrevem sistematicamente os factos e as caraterísticas de toda a população, bem como prevêem a relação entre eles (Scholastica, 2020).

População e amostra

A população-alvo do estudo era constituída por 13 866 estudantes do ensino secundário superior (SSS II), dos quais 9 464 do sexo masculino e 4 402 do sexo feminino, todos matriculados em escolas públicas da zona educativa de Bida. Esta zona educativa abrange cinco áreas governamentais locais e alberga um total de 46 escolas secundárias sénior, todas elas propriedade do governo estatal. A seleção de apenas escolas públicas baseou-se na sua homogeneidade. Para este estudo, foi escolhida uma amostra de 30% da população-alvo total, com base no teorema do limite central, que sublinha que 30% da dimensão da amostra é viável para a investigação experimental (Franklin & Wallin, 2000; Arhin & Yanney 2020). Com esta afirmação, 30% da população-alvo total corresponde a 462 estudantes. O processo de amostragem utilizado para determinar a dimensão da amostra é efectuado através de uma abordagem em várias fases. Na primeira fase, foi utilizada uma amostragem aleatória simples para selecionar três das cinco áreas governamentais locais. Na segunda fase, foi escolhida aleatoriamente uma escola de cada uma das áreas governamentais locais selecionadas. Por fim, na terceira fase, foram selecionados alunos das três escolas escolhidas através de técnicas de amostragem intencional.

Instrumento

O título do questionário Escalas de Interesse em Matemática (MIS), composto por 20 itens, foi adaptado do inventário de interesse em matemática de 27 itens desenvolvido por Wong e Wong (2019). O MIS é um tipo Likert de quatro pontos que varia de 1 = Não é verdadeiro para mim (NTM), 2 = Levemente verdadeiro para mim (STM), 3 = Verdadeiro para mim (TM) e 4 – Muito verdadeiro para mim (VTM), que foi empregado para todas as afirmações no MIS. Dez (10) afirmações de (1 a 10) tinham uma pista positiva no instrumento, enquanto que de 11 a 20 tinham uma pista negativa. Estes itens com pistas negativas foram objeto de pontuação inversa antes de as pontuações serem calculadas nas fases de análise dos dados. Além disso, as escalas de quatro pontos foram reduzidas a dois pontos após a recolha de dados, estes são de baixo interesse e alto interesse e marca de referência (X) = 2,5, ou seja, $X \geq 2,5$ é de alto interesse e $X \leq 2,5$ é de baixo interesse.

O Mathematics Achievement Test (MAT) foi medido com base nas notas do exame simulado dos alunos do SSSII nas escolas selecionadas. O exame simulado é um exame padrão organizado pelo Ministério da Educação do Estado do Níger; por conseguinte, as perguntas do exame eram válidas e fiáveis. O exame foi pontuado a 100% com a interpretação de 70-100= A (Excelente), 60-69= B (Muito bom), 50-59=C (Bom), 45-49=D (Aprovado), 44-40=E (Apenas aprovado), 39-0= F (Reprovado). A variável foi interpretada como uma escala ordinal na Tabela 1.

Tabela 1. A escala ordinal para interpretar a realização em Matemática

Score intervals	Grade	Remark
0 – 44%	C	Low achievement
45 – 59%	B	Average achievement
60 – 100%	A	High achievement

Para garantir a fiabilidade e a validade dos instrumentos, foi realizado um processo rigoroso. Os instrumentos foram submetidos a avaliações de validade facial e de conteúdo. Foi pedida a opinião de peritos a profissionais da Universidade Federal de Tecnologia, Minna, e da Escola Superior de Educação do Estado do Níger, Minna, que analisaram e avaliaram os instrumentos para garantir que mediam efetivamente as variáveis pretendidas. Este feedback dos peritos ajudou a aperfeiçoar e a clarificar quaisquer afirmações ambíguas e a identificar potenciais problemas que pudessem surgir durante o estudo efetivo, juntamente com soluções propostas.

Para estabelecer a fiabilidade do instrumento, foi realizado um pré-teste. Esta fase de pré-teste permitiu verificar a fiabilidade dos instrumentos através da medição da consistência e da estabilidade. O coeficiente de fiabilidade foi determinado como sendo de 0,79 (e 0,92) através de uma abordagem de teste-reteste, indicando um nível satisfatório de fiabilidade. Posteriormente, o questionário concebido para medir variáveis como o interesse pela matemática e os resultados académicos foi administrado aos participantes no estudo. Os dados recolhidos foram depois submetidos a uma análise estatística exaustiva para se chegar a conclusões válidas. As questões de investigação foram abordadas utilizando estatísticas descritivas, especificamente médias e desvios-padrão, que forneceram informações sobre as tendências centrais e as variações dos dados. Além disso, a hipótese foi analisada utilizando o Coeficiente de Correlação Produto-Momento de Pearson (CCMPP), que ajudou a avaliar a relação entre as variáveis sob investigação. Esta metodologia rigorosa garante a qualidade e a credibilidade dos resultados do estudo através da validação dos instrumentos e da utilização de ferramentas estatísticas adequadas para a análise dos dados, contribuindo, em última análise, para a robustez dos resultados da investigação.

RESULTADOS E DISCUSSÃO

As perguntas de investigação são respondidas em cada secção relativamente ao nível de interesse dos estudantes pela aprendizagem da matemática e ao nível de desempenho académico em matemática.

O nível de interesse dos alunos pela aprendizagem da matemática

Para responder à RQ1, foi utilizada a estatística descritiva de média e desvio padrão, apresentada na Tabela 1.

Tabela 1. Interesse dos alunos pela matemática

Statements	Mean	SD	Remark
1. I like to answer questions in mathematics class	2.4	0.8	Low
2. I like mathematics	2.3	1.0	Low
3. I am interested in mathematics	2.1	1.0	Low
4. Knowing a lot about mathematics is helpful	3.1	0.7	High
5. I feel happy when it comes is works on mathematics	2.3	0.7	Low
6. I am more excited when new mathematics topics is introduced	2.4	1.1	Low
7. I went to learn more about mathematics	2.4	0.9	Low
8. I spend many hours working on mathematics	2.1	0.9	Low
9. I went to talk about mathematics with my friends	2.1	1.2	Low
10. I choose to work on mathematics	2.6	0.5	High
11. I am wasting my time on mathematics	1.4	1.2	Low
12. I am bored when working on mathematics	1.2	0.6	Low
13. I would rather be working on something else besides mathematics	2.6	0.2	High
14. I give up easily when working on mathematics	0.3	0.5	Low
15. I am always thinking of other subject when working on mathematics	2.1	0.4	Low
16. When working on mathematics, I want to stop and start working on something else	1.1	0.5	Low
17. I get mad easily when working on mathematics	0.9	0.7	Low
18. I have difficulty paying attention when working on mathematics	1.4	0.2	Low
19. I struggle with mathematics	1.3	0.8	Low
20. I prefer easy mathematics over mathematics that is herd	0.3	0.7	Low
Cummulative Mean Interest	1.81		Low

A Tabela 1 revela o nível de interesse dos alunos do ensino secundário da Zona Educativa de Bida na aprendizagem da matemática. O resultado indica que, das 20 afirmações de itens, os estudantes mostraram pouco interesse em 17 itens, enquanto 3 itens mostraram um interesse elevado. A média das médias (média acumulada) da escala de interesse pela matemática é de 1,81, o que indica o nível de interesse dos alunos na aprendizagem da matemática.

Isto implica que os alunos têm pouco interesse pela matemática.

Os resultados das estatísticas descritivas deste estudo indicam um padrão notável de baixo interesse pela matemática e fraco desempenho académico entre os alunos do ensino secundário na Zona Educativa de Bida. A pontuação média acumulada de interesse de 1,81, classificada como "baixo interesse", sugere fortemente que o aumento do interesse dos alunos pode potencialmente levar a melhorias no seu desempenho académico em matemática.

O nível de desempenho académico em matemática

Para responder à RQ2, foi utilizada a estatística descritiva de frequência e percentagem, apresentada no Quadro 2.

Tabela 2. Nível de desempenho académico dos alunos em matemática

Mock Score Range	Achievement scale	Frequency	Percentage (%)
Less than 45%	Low achievement	259	56.06
Between 45- 59%	Average achievement	112	24.24
Between 60- 100%	High achievement	91	19.70
Total		462	100.00

A Tabela 2 mostra a taxa de sucesso académico em matemática nas escolas secundárias selecionadas na Zona Educacional de Bida. Os resultados revelaram que cerca de 56% dos estudantes de matemática obtiveram resultados baixos nos seus exames. Cerca de 24% tiveram um aproveitamento médio, enquanto 20% tiveram um aproveitamento elevado. Isto significa que 56% dos alunos tiveram um fraco aproveitamento em matemática.

Para testar a hipótese formulada, as classificações de interesse e de desempenho académico foram submetidas ao teste de correlação de produtos de Pearson e o resultado é apresentado no Quadro 3.

Tabela 3. Análise da relação PPMCC

Variables	N	Mean	SD	*Df*	*R*	Remark
Interest	462	3.4	0.5	460	0.384	Significant
Achievement	462	3.6	0.5			

Os resultados do quadro 3 mostram que a correlação é de 0,384, o que é muito elevado quando comparado com o nível de significância de 0,05. Por conseguinte, a hipótese nula é rejeitada. Isto mostra que existe uma relação significativa entre o interesse e o rendimento académico. Significa que o interesse dos alunos pela matemática tem uma relação positiva com o rendimento académico. Além disso, o interesse é um indicador do rendimento académico em matemática.

O estudo identificou uma relação significativa entre o interesse dos alunos e o seu desempenho académico em matemática. Isto sugere que, à medida que aumenta o interesse dos alunos pela matemática, aumenta também o seu desempenho académico na disciplina. Pelo contrário, uma diminuição do interesse dos alunos está associada a um desempenho académico inferior. Estes resultados alinham-se com investigações anteriores realizadas por Wong e Wong (2019), Scholastica (2020) e Zambuk (2021), que apoiam a noção de que os alunos altamente interessados tendem a ter um melhor desempenho académico. O interesse pela matemática, tal como definido neste estudo, implica demonstrar uma preocupação genuína e curiosidade pela disciplina, envolvendo-se ativamente em todas as actividades relacionadas.

É importante notar que estas conclusões contrastam com os resultados comunicados por Yu e Singh (2018), Owora e Chika (2019) e Umar e Haruna (2021). Estes estudos sugerem que o interesse por si só pode não prever diretamente o desempenho em matemática, uma vez que factores como a ansiedade e a auto-eficácia na aprendizagem da matemática podem potencialmente atuar como barreiras a uma aprendizagem e desempenho eficazes na disciplina. Estes resultados contraditórios realçam a complexidade da relação entre o interesse e o desempenho académico em matemática e sublinham a necessidade de mais investigação para aprofundar os vários factores que contribuem para esta relação e a sua interação no processo de aprendizagem.

CONCLUSÃO

Os resultados deste estudo confirmam a existência de uma correlação significativa entre o interesse dos alunos e o seu desempenho académico em matemática entre os alunos do ensino secundário. Os resultados indicam fortemente que quando o interesse dos alunos pela matemática aumenta, há uma melhoria correspondente no seu desempenho académico na disciplina. Por outro lado, uma diminuição do interesse dos alunos está associada a um menor rendimento académico. Estas conclusões sublinham o papel fundamental do interesse na formação do desempenho dos alunos em matemática. Em termos práticos, isto sugere que os esforços para aumentar o interesse dos alunos pela matemática podem conduzir a melhores resultados académicos na disciplina. Este estudo contribui com informações valiosas sobre a relação entre o interesse e o desempenho académico, o que tem implicações para os educadores, os decisores políticos e outras partes interessadas no domínio da educação. Com base nestes resultados conclusivos, justifica-se a realização de mais investigação e iniciativas destinadas a promover e manter o interesse dos alunos pela matemática. Com base nos resultados do estudo, podem ser feitas várias recomendações para melhorar o interesse e o desempenho académico dos alunos em matemática. Em primeiro lugar, o aconselhamento em matemática. Os alunos devem receber sessões de aconselhamento centradas na matemática para aumentar o seu interesse e motivação na aprendizagem da disciplina (Hidi, & Renninger, 2006). Estas sessões podem ajudar os alunos a compreender a relevância da matemática e as suas aplicações no mundo real, tornando-a mais cativante e relacionável.

Em segundo lugar, incentivando a perseverança, os professores devem encorajar ativamente os alunos a desenvolverem a perseverança na aprendizagem da matemática. Isto pode ser conseguido através do reforço positivo, do feedback construtivo e da criação de um ambiente de apoio na sala de aula, onde os alunos se sintam à vontade para cometer erros e aprender com eles (Hidi, 2006).

Em terceiro lugar, os professores de Matemática devem esforçar-se por criar um ambiente de aprendizagem estimulante e cativante que capte o interesse e a curiosidade dos alunos. A incorporação de exemplos da vida real, actividades interactivas e aplicações práticas da matemática podem tornar a disciplina mais apelativa.

Em quarto lugar, os professores devem adotar estratégias de ensino inovadoras que promovam o pensamento crítico e a capacidade de resolução de problemas. As experiências de aprendizagem interactivas e práticas podem ajudar os alunos a reconhecer a importância da matemática na sua vida académica e quotidiana.

Em quinto lugar, os professores motivados e bem preparados têm mais probabilidades de criar um ambiente de aprendizagem positivo que estimule o interesse e os resultados dos alunos em matemática. Ao implementar estas recomendações, as instituições educativas e os decisores políticos podem trabalhar no sentido de melhorar as atitudes dos alunos em relação à matemática e, em última análise, melhorar o seu desempenho académico na disciplina.

Referência

Adeniji, S. M & Akinjiola, E. Y. (2015) Tendências inovadoras no ensino da matemática: Implicações para o desenvolvimento global e a transformação social. *The Nigeria Journal of Guidance and Counselling (TNGC). 20 (10), 65-73.*

Ahmad, U.M. (2015). O papel dos professores na motivação do interesse dos alunos pelas ciências e pela matemática. Trabalho apresentado na série de seminários para professores AL'FARMA Islamic Academy Agaie

Ahmad, M.(2016). Impacto do andaime enriquecido com a estratégia de aprendizagem colaborativa na ansiedade do teste, retenção e desempenho em geometria entre os alunos do ensino secundário no Estado do Níger. Tese de doutoramento não publicada apresentada à Faculdade de Educação, A.B.U. Zaria

Ahmad, U.M., Alhassan, D.I & Aliyu, A.Z. (2024). Interest as predictor of mathematics achievement among senior secondary school students in Bida Educational Zone, Niger State, Nigeria. *Journal of Instructional Mathematics,5(1), 13-33*

Arhin, D., & Yanney, E. G. (2020). Relação entre o interesse dos alunos e o desempenho académico em matemática: Um estudo do Agogo State College. *Revista Internacional de Investigação Avançada, 8(6), 389-396.*

Arianto, A & Rusli, S. (2021). Melhorando o interesse e o desempenho dos alunos na aprendizagem de matemática por meio do modelo de aprendizagem baseado em problemas. Avanços na Investigação em Ciências Sociais, Educação e Humanidades, (611), 303-307

Azuka, B. F. & Kurume, M. S. (2013). Mathematics education for sustainable development; Implication to the production and retention of mathematics teacher in Nigeria Schools *Centro Europeu de Investigação, Formação e Desenvolvimento, Reino Unido. 3 (1), 1-14*

Bell, M. J. (2017). Definir desempenho académico. Sala de aula https://classroom. synonym .com/define. academic performance

Dambatta, B. U e Salman, M. F. (2014). Preparação de professores de matemática na Nigéria: Questões e desafios para a educação funcional e a empregabilidade dos licenciados. *Revista de Investigação e Avaliação da Educação da Nigéria, 13 (2), 100-110.*

Deanna, K., Albert, K. William, W. & Micheal, T. (1975). Psicologia humana: Desenvolvimento da interação social de aprendizagem. Publicado no United State of American

Elger, D. (2007). Teoria do desempenho In S.W. Beyerlin, C. Holmes, & D.K. Apple(Eds) Faculty guide book: Uma ferramenta abrangente para melhorar o desempenho do corpo docente.

Emefa, A.J., Miima, F.A. e Bwire, A.M. (2020). Impacto da motivação na educação sobre o interesse dos alunos do ensino secundário na compreensão da leitura no Município de Hohoe: uma revisão baseada na literatura. *Revista Africana de Questões Emergentes (AJOEI), 2 (8), 1-16.*

Emmanuel, C. O. (2023). Melhorar o interesse e os resultados em matemática: A Quasi-experimental Study Of Peer Tutoring Among Primary School Pupils In Nigeria. *Sapientia Foundation Journal of Education, Sciences and Gender Studies (SFJESGS), 5(1), 79 - 87*

Ministério Federal da Educação (004). Política Nacional de Educação.

Frankil, J. R & Wallen, N.E, (2000). How to design and evaluate research in education New York Nx:Mc Grahill Companies Inc'

Hidi, S & Renninger, K. A. (2006) The four-phase model of interest development. Educational Psychologist. 41:111-127. doi: 10.1207/s15326985ep4102_4.

Isola, R. (2019). Conceito de ensino. *Revista Internacional de Educação, 7(2), 5-8*

Ivowi, U. (2001). O papel dos professores na motivação do interesse dos alunos pelas ciências e pela matemática. ITCBA, Nova Carta 3(1)

Jimmy, E. K. & Mkomwa, J. (2023). Promover o interesse e os resultados dos alunos em matemática através da iniciativa "Rei e Rainha da Matemática" (KQMI). *Jornal de Investigação em Ensino e Aprendizagem Inovadores. 16(1), 115-133*

Just, J. & Siller, H.S. (2022) O papel da matemática nas salas de aula do ensino secundário STEM: Uma literatura sistemática. Revisão. Educ. Sci., (12), 629-638

Kazu, I. Y &Cemre, K.Y.(2021). O efeito da educação do tronco no desempenho acadêmico: Um estudo de meta-análise. *Jornal online turco de tecnologia educativa 20 (4), 101-117*

Kingsley, O. T & Anamezie, C. R (2022). Academic Interest as Predictor of Academic Achievement of Secondary School Physics Students (Interesse Académico como Preditor do Sucesso Académico dos Estudantes de Física do Ensino Secundário). *African Journal of Science Technology and Mathematics Eduction 8(4) 320-326*

Longo, C. (2019). Conhecimento matemático para o ensino: como é que o reconhecemos? Actas do Nono Congresso Nacional da Associação para a Educação Matemática da África do Sul, Cidade do Cabo

Mappadang, A., Khusaini, K., Sinaga, M. & Elizabeth (2022). O interesse académico determina o desempenho académico dos estudantes de contabilidade: Multinomial logit evidence, Cogent Business & Management, 9(1), 1-23 2101326, DOI: 10.1080/23311975.2022.2101326

Mazana, M.Y., Montero, C.S. e Casmir, R.O. (2020), "Avaliar o desempenho dos alunos em matemática na Tanzânia: a perspetiva do professor". *Revista Eletrónica Internacional de Educação Matemática, 15(3), 1-28, doi: 10.29333/iejme/7994.*

Mohamed, I. B. & Aron, C. M. (2017). Interesse em matemática e desempenho académico de alunos do ensino secundário no distrito de Chennai, *International Journal of Innovative Science and Research Technology, 2(8), 260-267*

Odumosu, M.O.& Olusesan, E.G. (2016). Educação matemática para a aquisição de competências de empreendedorismo para, a visão de realização 20:2020. *Revista Internacional para assuntos interdisciplinares em Educação (IJCDSE) 7(1) 2768-2773*

Oluyemo A. A., Musbahu, A., Kukwil, I. J., Anikweze, C. M. & Shaluko Y. D.). Gender Differences in Mathematics Interest and Achievement in Junior Secondary School Students, Niger State, Nigeria (Diferenças de género no interesse e nos resultados matemáticos dos alunos do ensino secundário, Estado do Níger, Nigéria). *Revista Internacional de Investigação e Inovação em Ciências Sociais (IJRISS) 4(10),359-366*

Owora, N. O., & Chika, C. U. (2019). Estratégias para despertar o interesse dos alunos pela Matemática. Abacus (Série Educação Matemática),

44(1), 201-210.

Rodriguez-Naveiras, E., Chinea, S., Aguirre, T., Manduca, N., Gonzalez Perez, T., Borges, A. (2024). Os efeitos das atitudes em relação à educação matemática e STEM em alunos com alta habilidade e uma amostra da comunidade. Educ. Sci. 14, 41-52. https://doi.org/10.3390/educsci14010041

Romer hausen, N.J. (2013). Estratégias para melhorar o sucesso dos estudantes. A disco urge analysis of academic advice in international student handbook. *Jornal dos Estudantes Internacionais, 3(2), 129-139*

Ryan, V., Fitzmaurice, O., & O'Donoghue, J. (2022). Interesse e envolvimento dos alunos na matemática após o primeiro ano do ensino secundário. *European Journal of Science and Mathematics Education, 10(4), 436-454.* https://doi.org/10.30935/scimath/12180

Salman, M. F. (2018). Melhorar o ensino da matemática na Nigéria. Um Festschrift em Honra do Professor Michael, O. F.

Salman, M. F., Ameen, S. F. & Adeniji, S. M. (2017). Educação matemática: Uma ferramenta para o desenvolvimento sustentável e a empregabilidade dos licenciados. Um documento apresentado na 3ª Conferência Internacional da Associação das Universidades da África Ocidental, realizada em Niamey, República do Níger, de 17 a 21 de setembro de 2017

Scholastica, O. O. (2020). Interesse como preditor de desempenho acadêmico de alunos do ensino médio em física. *British Journal of Education, Learning and Development Psychology, 3(3), 1-9.*

Toli, G.; Kallery, M. Aumentar o interesse dos alunos para promover a aprendizagem em ciências: O Caso do Conceito de Energia (2021). Educ. Sci. 11, 220. https://doi.org/10.3390/edusci11050220

Ukpaka, S.K.(2023). Impacto do tipo de personalidade no desempenho académico dos estudantes. Trabalho de projeto apresentado ao Departamento de Psicologia Socialógica da Universidade Godfrey Okoye de Enugu

Umar, A. M., & Haruna, A. (2021). Relação entre ansiedade de teste e desempenho em matemática entre alunos do ensino médio em Bida LGA, estado do Níger. *Kano Journal of Educational Psychology, 3(1),*

8287.

Wong, L., Chan, T., Wenli, C. Zhi-Hong, C, & Calvin, C.(2020). Teoria IDC: interesse e o loop de interesse https://doi.org/10.1186/s41039-020-0123-2

Wong, S. L., & Wong, S. L. (2019). Relação entre o interesse e o desempenho em matemática num contexto de aprendizagem reforçada pela tecnologia na Malásia. Research and Practice in Technology Enhanced Learning, 14(1), 21. https://doi.org/10.1186/s41039-019-0114-3

Yeh, C.Y.C., Cheng, H.N.H., Chen, Z.H., Liao, C.C.Y. e Chan, T.W. (2019), "Enhancing achievement and interest in mathematics learning through MathIsland. *Investigação e prática em aprendizagem reforçada pela tecnologia, 14 (5), 119, doi: 10.1186/s41039-019-0100-9.*

Yu, R., & Singh, K. (2018). Apoio do professor, práticas de instrução, motivação do aluno e desempenho em matemática no ensino médio. *The Journal of Educational Research, 111(1), 81-94.* https://doi.org/10.1080/00220671.2016.1204260

Zakariyya, A. A. & Ahmad, M.U (2022). Handbook of cognitive on mathematics education. Publicado pelo Centro de Publicações Académicas da Universidade Federal de Tecnologia, Minna

Zambuk, U. B. (2021). A motivação para a realização como um preditor do desempenho académico de alunos do ensino secundário em matemática. *Revista Internacional de Avanços em Engenharia e Gestão (IJAEM), 3(10), 45-51.*

SOBRE O AUTOR

O Dr. Ahmad Manko Umar é natural da área governamental local de Bida, no estado do Níger, na Nigéria. É professor principal no Departamento de Matemática da Escola Superior de Educação do Estado do Níger, em Minna. Obteve a sua licenciatura, mestrado e doutoramento em Educação Matemática na Universidade Ahmadu Bello, Zaria. Iniciou a sua carreira docente em 1989 no Ministério da Educação do Estado do Níger, Minna. Escreveu e publicou livros de texto, revistas internacionais e nacionais, muitas conferências, seminários e workshops.

MIX
Papier aus verantwortungsvollen Quellen
Paper from responsible sources
FSC® C105338

Printed by Books on Demand GmbH, Norderstedt / Germany